U0004874

OCEAN

TAIWAN'S Ocean Literature

台灣海洋文學作家

廖鴻基

OCEAN
TAIWAN'S Ocean Literature

台灣海洋文學作家
廖鴻基

自然公園 032

OCEAN
TAIWAN'S Ocean Literature

鯨生鯨世

The Life Story of Whales and Dolphins

台灣海洋文學作家
廖鴻基

發現台灣鯨靈・台灣海洋鯨豚的生命故事

晨星出版

【推薦序】台灣人的美好品質——序廖鴻基《鯨生鯨世》

許悔之

做為一個台灣人，有時我不免和其他人一樣，會為社會上出現的一些怪現況感到困惑、無力和沮喪，甚至憤懣難安。一個階級已經停止流動的社會，各種特權機制也已建造牢固，堅不可撼，穩不可搖。竊國者侯，下焉者豈能不惆悵惶惶？交相征利，八仙過海，各憑技倆，踐踏別人以成全自己，也就成了無上律則。偶爾我們目睹一些有志之士，或從事公益而無私奉獻，或關懷土地而摩頂放踵，在逆流中突圍向前，總是能牽動我們的心，而為之喝采，而在集體挫折中感受到熱度和榮光。

做為一個讀者和編輯人，我也恆常以熱度和榮光做為標準，去驗證文學藝術自主以外，足以撩撥我們省思的改造現實的效能。那種改造現實的能力又非流於喧囂、口號，而是以一種細緻的、可敬的文化毅力和修持，通過章節、句構、辭彙，甚至是或鏗鏘或沉鬱的音韻，在閱讀的催眠過後教我們愕然而驚，似乎領悟，又若有所思，甚至不滿。然後我們嘗試變換自己的視野，重新去認識世界，去解釋世界，去改造世界——所以文學有其自主而自足的典律，以其潛移默化取代了口號與教條，教人不自主地將美好的價值內化於無形，然後我們可以無邪地面對世界。

或多或少地，我在前輩的台灣作家以及後進的作家之中，嗅聞到、目擊到屬於文學的這種美好的品質。他們令我為這行孤獨的事業感到高貴和驕傲，他們理應成為台灣可貴的資產。

漁夫作家廖鴻基即是近年來台灣人美好品質的體現之一。他的信心、羞赧和毅力，都足以成為一則現代的傳奇。

為了成為一個漁夫，廖鴻基在顛簸的海上暈眩、嘔吐了大半年，彷彿陸地上的人與事太過複雜了，廖鴻基選擇做一個從陸地退回海洋的靈魂。就像海洋中的鯨豚一樣，在進化史上，牠們也曾經是陸地的哺乳動物，但不知道是為了海洋的召喚，抑或預知陸地的醜惡，牠們又選擇回到海洋的懷抱之中。廖鴻基從寫詩開始，然後把創作主力放在與海洋相關的散文、小說以及報導文學。圍繞著海洋這個主題，廖鴻基為我們展示了另外一種台灣的可能……

也就是地狹人稠的「陸地台灣」之外，已經存在而尚未被廣泛理解和認知的「海洋台灣」。面對四面的海，台灣人始終把海洋視為阻絕和禁忌，而總未曾把胸懷擴大，擴大到足以容納海——把海洋當作是一種激勵、一種啟示，足以錘鍊我們的意志。

透過海洋，台灣曾長期被外來殖民者主宰了命運，現在也只有透過海洋的洗禮和啟示，台灣才可以完整地解釋自己，掌握自己的命運。黑水溝悲情才可以得到紓解，從台灣人的基因中轉化成勇毅和強韌，只有親水，才能倒轉命運，才能像鯨一樣，壯游每一座深海大洋……

廖鴻基的出現，成為我們這個時代的異數，或許有人會驚奇：一個高中畢業的漁夫，竟然能透過自學和練筆，把自己獨特的觀察，寫成一篇篇筆力遒勁、精彩引人的文

字。是因為我們看到的世界太過渺小、瑣碎，已經無法引發我們感動？還是因為廖鴻基確實啓動了台灣人的某種潛能？

我想兩者皆是。唯獨當一個作家投入至深、體會甚微，而他又找尋到了妥切的字詞——文學才可豁免於句讀拼湊之弊，而展現氣象和氣魄，那種豁然開朗，教我們心羨慕之，心嚮往之。

十二年以前，東年的小說《失蹤的太平洋三號》，曾經為台灣的海洋小說開啓了可能，海軍詩人汪啓疆也以其剛毅奇譎的意象為海洋打造身世——可惜台灣的海洋文學和海洋論述，始終未曾得到全面的擴散。解嚴前，從鹿港反杜邦運動開始，台灣慢慢地有了在地的自覺，我們開始掙脫政治力的束縛，為自己的家鄉打拚希望，自然寫作的興盛也印證了環保的呼聲。紅樹林濕地、候鳥保留區逐漸成為公共的認知。透過對其他物種的懺悔和贖罪，人們才知道「萬能主宰」的可笑迷思。從事自然寫作的好手前後接連、蔚然成風，也大有可觀，那麼，廖鴻基的書寫，有什麼特別之處？

從第一本書《討海人》開始，廖鴻基便以其獨特的海洋經驗，去彙編海，去想像海，去寓言海。他不以奇技淫巧抹殺了海洋的現實，而以恰當的、節制的修辭包藏悲憫和動心，海洋的壯闊和危險，晃盪與幻滅都得到了解釋。原來海洋並不遙遠，原來海洋和他包容的每一種生物就像每一個人的生命同樣的繁複、真切。海洋可以是台灣人的另一種哲學——廖鴻基生動地告訴了我們。

繼《討海人》之後，第二本著作《鯨生鯨世》則是廖鴻基在花蓮沿岸海域從事鯨豚研究的重要成果。一九九六年夏日，廖鴻基憑藉著微薄的經費，偕同船長潘進龍和楊世主等人，開始在花蓮沿岸海域用漁船觀測鯨豚而獲致了成果。七月，《自由時報》贊助了他們前段的研究經費，在短期間之內，「尋鯨小組」便發現並記錄了多種鯨豚的生態，包括罕見的虎鯨和喙鯨等。而這本《鯨生鯨世》則是廖鴻基在前段研究中的寫作成果。台灣的鯨豚觀察也跳出擱淺研究的枷鎖。

廖鴻基用親切動人的筆調，為每一種他們發現的鯨豚作傳，給予這些海洋中的巨人和精靈美麗的生命剪影。牠們的體態、動作、習性和族群，牠們的貪嗔癡、愛與憎。我有幸在編輯過程中，逐篇地賞讀了這些令人激動的文字，也彷彿看到了花蓮的海如在眼前，陽光照在碧澄澄的海，海像一面巨大的藍色鏡子，於其中映現另類時空的愛與死，追索和孤獨，激切之外也有沉思，就像鯨豚神祕難解的擱淺。我也彷彿透過這些篇章改造了自己的一些品質。

還記得一九九六年八月十八日，星期天的上午，我和「尋鯨小組」在一個半小時的追蹤裡頭，目睹了一群喙鯨總共三次浮出海面，當牠們隱身在海面之下，那種時空凝止，彈指即逝的「鯨」心動魄實可泣鬼神！那近乎某種宗教的神祕經驗，當喙鯨露出頭部，復以滾輪式的弧度帶動背鰭，真的教人

激動欲哭，遠超出辭書、錄影帶或者Discovery 之類的節目所能給予的感受，而《鯨生鯨世》中的文字已幾乎活靈活現的「重現」了海，以及海上的鯨豚。

我總無比欣喜地在別人的身上，別人的寫作裡看見台灣人美好的品質。在岸上，廖鴻基總是不擅言語的，他並沒有像一般人汲汲營生而放棄了自己的夢想，海洋是他另外一個家。在海上，他更是出奇的沉默，大部分時刻，他站在漁船的鏢頭，四處在搜尋鯨豚的蹤跡，而大海也真切地回報了他的熱情和毅力，那種台灣人的美好品質，質樸而富韌性、勇敢、堅定。

這篇文字，只是為這種美好的品質作註。恭喜廖鴻基和「尋鯨小組」，他們的研究成績逐漸受到政府單位及企業的重視，台灣的鯨豚研究開始要放大腳步，台灣的海洋寫作，也可以期待更豐美的未來。那些在環海中嬉遊的鯨豚，不就像一種意志，一種精靈？就像發現喙鯨的那天，漁船在花蓮看得見長虹橋的外海，讓人想到「長鯨吸虹」的壯美和遼闊……生命應該接近美學的激動，《鯨生鯨世》如是，台灣人亦如是。

【再版序】跨越界線

廖鴻基

這是一本為還債而寫的書，也是一部神奇的書。

一九九六年初夏，為了執行「花蓮沿岸海域鯨類生態研究計畫」，我拿著計畫書四處奔走為計畫經費募款。這計畫算是台灣首次持續性的海上鯨類生態調查，雖有學術單位掛名，但實質內容全由民間執行，這樣的海上資源調查計畫，缺的當然不只是東風，可想而知，這計畫幾乎是不可能的任務。

當時儘管已經出版個人第一本文學作品《討海人》，但被認知的主要身分仍然是漁人，募款情況可說是處處碰壁，有些接洽雖然留下繼續發展的可能，但還需要等待申辦流程，得等候些時日。工作船用的是自己的漁船，但船隻要加油，工作人員得給付基本薪資，若募不到計畫經費，恐怕得錯過最適合執行海上計畫的太平洋夏季，而且再而衰、三而竭，一旦拖過隔年，整個計畫恐怕將淪為只剩空殼理想。

最後，因為出版了第一本作品的關係，找到位於台中工業區的晨星出版社拜會陳社長。當得知募款不可能的情況下，念頭一轉，也許以寫一本鯨豚的文學作品來跟出版社預支版稅。果然得逞，當場簽下出版合約，並借得二十萬元經費。

船隻加滿了油，終得及時趕上夏季溫緩的海況，出航執行鯨豚調查計畫。

一邊執行計畫，一邊得以等到後續的多筆經費贊助。無論贊助或借支，對我而言都是壓力，雖未在計畫中掛名，但實際上就是計畫執行人，而且，自身是個貧窮的討海人，計畫過程萬一有了閃失，都將造成一輩

子的沉重負擔。沒辦法給工作人員買保險，船上甚至連救生衣都缺乏。老天眷顧，順利完成了三十個航次的海上調查工作。

接著，還得面對當初簽下並且預支經費已經用掉的出版合約，出版期限已迫在眉睫，於是，短短一個半月，以這趟海上調查過程為主軸寫成了《鯨生鯨世》這部書。

出版後，沒想到這本書的銷售狀況超過預期，老天算是換個方式支持了這個計畫。沒多久，就還清了出版社借支。更讓人意外的是這本書延續的後勁。

之後，一九九七年，我著手規劃及推行賞鯨活動，沒料到遭遇許多阻力，這本書神奇的發揮其幕後最大力量，影響了活動推行過程中幾位關鍵人物，相當戲劇性的讓台灣賞鯨船闖過萬難終於踏出重要的一步。書中寫道：「他們（鯨豚）事實存在，他們在恢宏的空間裡俯仰、跳躍，豐富地存在，是我們關起門戶封閉了自己。」

為了廣結社會資源，大約經過一年籌措，於一九九八年成立黑潮海洋文教基金會。這基金會初期參與的成員，有許多位是因為讀了這本書而投入會務自願當海洋志工。後來了解，也有不少年輕學子因為讀了這本書而選讀海洋相關科系。

人是陸生動物，鯨豚是海洋哺乳動物，以高山大海為最大特色的台灣海島，過去，海陸相隔，兩種動物間的關係並不友善。《鯨生鯨世》出版後，彼此間出現了和善的新關係。我們終於慢慢學會，以不同的視野和態度對待人世以外、陸地以外更廣浩的大洋環境。

「藉這次計畫，我們粗簡克難地踏出一小步，卻也是台灣海島解脫封閉，將視野延伸入海的一大步。」《鯨生鯨世》記錄了這一步，並且，神奇的成為未來許多海洋行動能量的源頭。

二〇一二年十月三日

【初版序】發現鯨靈

「花蓮沿岸海域鯨類生態研究計畫」自一九九六年六月二十五日花蓮港首航後，至九月五日於花蓮石梯港返航結束，為期兩個月又十一天，合計三十個工作航次。

本計畫共調查並記錄到八種鯨豚——瓶鼻海豚、花紋海豚、熱帶斑海豚、虎鯨、偽虎鯨、飛旋海豚、弗氏海豚及喙鯨。共拍攝照片近千張、動像影帶十個多小時，以及諸多觀察文字紀錄。

由民間媒體贊助海上生態調查工作，這個計畫開啟了先例。承蒙自由時報、晨星出版社及洄瀾傳播公司提供了研究經費及多項協助，本計畫才得以順利完成。本計畫的另一項特色是，結合了學術單位、漁民、文字及影像工作者組成尋鯨小組，並使用漁津陸號漁船為計畫工作船，雖然設備粗簡，但由於有學術單位提供了專業知識，漁民貢獻了多年海上經驗，文字及影像工作者提供了諸多專業技能，他們共同為這個計畫費心賣力，才使得本計畫稍具成果。

台灣四面環海，過去，海洋一直被認為是天險阻隔，大多數台灣居民對海洋的認知仍停留在遙遠、陌生、危險、神祕的境地，雖然事實上她就在我們四周，也確實或多或少影響了我們的環境生態及人民性格。她就在我們厝邊隔壁，而我們劃地自限，與海洋深遠隔絕。大多數台灣居民並不認為我們的海域會有鯨豚存在。

牠們真實存在，在恢宏的海洋空間裡俯仰、跳躍，豐富地存在，而我們是關起門戶

封閉了自己。

藉這次計畫，我們粗簡克難地踏出一小步，卻也是台灣島嶼解脫封閉，將視野延伸入海的一大步。讓我們一起關心鯨豚、關心海洋，台灣的領域將逐漸擴大，而且無限寬廣。

目次

我們這趟出海是踏出了第一步——
我們就要踏入全新的領域，
那是全然不同於往昔討海的視野和姿態。

啓程

船隻側傾，從港底船澳轉出，緩緩泊向出入港檢查哨碼頭。堤岸邊，一艘繫岸卸貨的漁船上，幾個討海朋友暫停了手頭工作，投射過來疑問的眼光，迎著我們船隻泊靠。

我們這艘漁船上，沒有漁具、漁網，可能也少了獵捕之氣。這不是尋常漁船出港時該有的景況。船上除了我和船長是討海人，其他有鯨類研究者、有影像工作者……那是一眼就能分別不屬於漁港的「外人」。

那艘卸貨漁船的船主，終於忍不住，隔著一艘船距離，用他那慣常大的嗓門喊著問：「喂——欲去叨位？」

我們不是出去捕魚，而是要出海去執行一個鯨類生態研究計畫。

船長回應喊著：「欲去找喫餿欸——」這是討海人粗獷的幽默。船上工作夥伴都會意的微笑了。（海豚，討海人通常稱呼「海豬仔」，而豬仔又被理所當然的認為是吃餿水的。）

船長名叫黑龍，長得飽滿圓胖，皮膚顏色是陽光色素經年累月沉澱在真皮層裡的光采，很難用單一色調來形容他的膚色——黑裡帶點紫紅，紫紅底又泛映著銅褐光澤……如陽光難以捉摸的七彩顏色，如骨董竹器經過了歲月摩挲反射出的深沉光澤。所以，從過去一起捕魚到現在，每當我在筆記簿上要描寫他這個人時，自然而然都會用「烏亮」來替代他的本名「黑龍」。

船長有十七年捕魚經驗，也曾經有過鏢獵大型鯨的記錄。當初找他參與這個研究計畫時，我是抱持著「奮戰一場」的心理準備。沒想到，他一口就答應了，而且，是在經費拮据無法保障或彌補他捕魚收入的情況下，他竟然爽朗地答應了。

長年討海後，我相信，我和船長對海洋都有了深沉的感情。記得在一次聊天時，他說：「這世人應該離不開海洋了！」也許，長年捕魚生涯，看著漁獲量一年年銳減，眼睜睜看著如母體般的海洋正在受創、病痛，我們都有深刻的傷痛和矛盾。

當我們讀到鯨豚參考資料裡寫著：「鯨豚是海洋的最高層消費者，牠們是海洋資源的指標。」我們曉得，這時候該是落實執行海洋資源保育的時機了。

這是一個對海洋沒有掠奪行爲的海上工作計畫，不只是我們兩個討海人，包括被用來做爲工作船的這艘漁船。我們這趟出海是踏出了第一步——我們就要踏入全新的領域，那是全然不同於往昔討海的視野和姿態。

我曉得，我們都會有所改變。港堤外的海面一樣蔚藍遼闊，但我們將以不同的角度和海洋接觸，這段轉場過程，一定會有轉折、衝擊，一定會激盪出我們長期和海洋對應不曾有過的嶄新火花。

我常常跟朋友說，魚是海洋的天使。當初藉著捕魚的動機，海洋天使引誘我深入海洋的內裡。當我漸漸感覺到，和海洋無法分離的眞情，我動手寫下海洋，寫下海水裡的魚和討海人之間的互動因緣。我也常說，我已經成爲海洋天使，藉著我的描寫，我當一座橋，讓岸上的朋友走過這座橋，看見海洋。

船尖嘩啦啦翻起水花。清晨六點一刻，七月當令艷陽已興起威力。

轉出港堤後，我們用布巾纏遮住頭臉，只剩眼睛露出。天空藍得像平靜無波的淺色海洋，海天之際，火球灑出金黃射線，海面

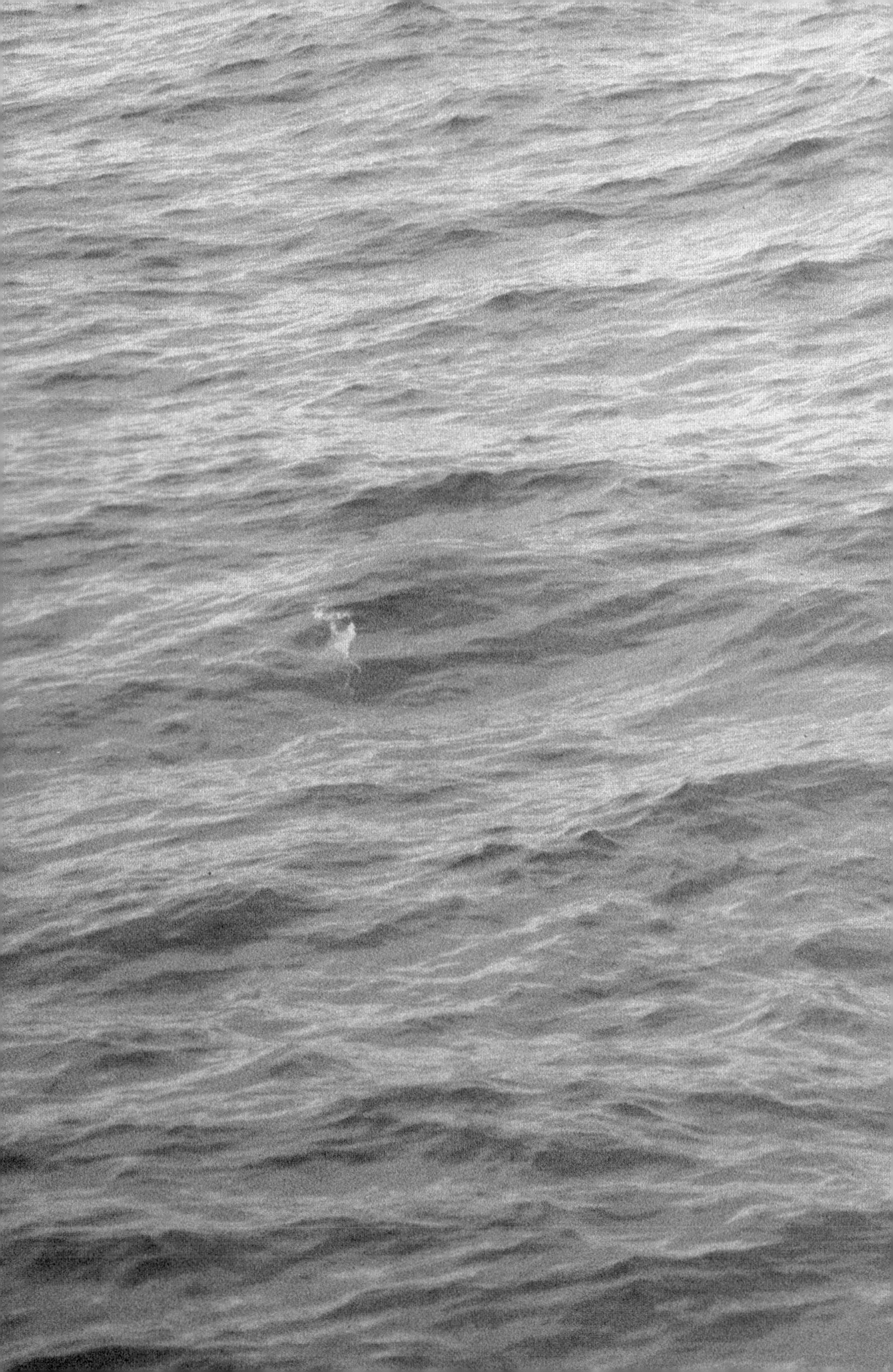

承接住灑落的亮點而大片金黃晶亮。

一出了海上，我和船長便習慣地把眼光貼著海面來回搜索，這是長年討海訓練出來的生活本能，任何海面上的生命動靜，都能即刻引發我們在海上的奔騰活力。儘管出海不再是爲了捕魚，但我們兩個討海人有自信比鯨類專家更有能力發現鯨豚。

從持鏢鏢射到握持攝影機拍攝，從使用漁具獵捕變爲使用鏡頭捕抓，這些轉折，海洋提供了無限寬敞的空間來做爲我們迴旋和調適的場所。理想和現實間的鴻溝，必須得分解動作式的跨越。隨著船隻規律地湧動，我能肯定的說，這個過程將會是意料外的愉快。

話機傳來呼叫：「卡緊來，山頭前有一群在跳！」那是一艘作業漁船通報我們看到了一群海豚。

左舷前七、八百公尺外，一陣水波躍白，我們也發現了另一群。船長舉起話機回答說：「等阮掠完了這一群就趕過去。」船隻穩健朝左前邁進。整艘船忙碌起來，工作夥伴有人察看衛星定位儀在記錄紙上記載發現位置；有的舉起望遠鏡分辨族群種類和估算族群數量；有的將長鏡頭相機、將攝影機舉在眼前……我們以火樣的心情準備用各種方式捕抓、記錄翻躍在前頭的這一群海豚。

船隻持續接近。海洋上頭，我們和海洋的關係正在修正、轉化。鯨豚是一座橋，牠將引領我們，更親近海洋的闊達與包容。

曾多次近距離和花紋海豚接觸，
我發現，每一隻的紋身花采都不相同，
有大小圓圈、有如樹根盤纏的斜叉條紋……
我想起一個底片廣告的廣告詞——
用底片寫日記。
花紋海豚，牠們用身體皮膚來寫日記。

花紋樣的生命

——花紋海豚

1

第一次遇見花紋海豚大約在五年前。

那年，我獨自開船在三棧溪口拖釣齒鰭，牠們一群，大約二十來隻，從右舷前湧來，群體以規律緩緩的節奏游過舷側。

那段期間，出海以捕魚爲主要目的，平常漁事作業途中即使遇見海豚，也很少刻意停留觀看，但是，這一群緩緩通過船邊的海豚吸引我的注意。記得，那時我不只把船隻停下來，還迴轉船隻返頭尾隨牠們一段。

牠們在水波底呈現白色身影，宛如湛藍布幕上搖曳不定的一束束光柱，像溶在水裡漂泊不息的白衣幽靈。牠們行動溫文緩緩有大老的雍容姿態，感覺上，牠們似乎並不在意船隻的跟隨。

老沉、憨直、穩重……那是迥異於海洋其他動物的行爲風采。

那一次上岸後，我四處詢問，翻尋牠們的資料。老討海人，大抵稱呼牠們爲「和尚頭」。牠們的嘴喙短促不明顯、圓頭、粗壯、出露水面淋著波光的白色頭顱果然幾分神似泛著頭皮光澤的和尚頭。後來，是在《台灣鯨類圖鑑》這本書裡翻找到牠們、確認牠們——花紋海豚。牠們大約二至三公尺體長，體重平均約兩、三百公斤。

牠們的主要特徵是體表上有許多白色刮痕，那是牠們彼此摩擦、撫慰或是爭鬥留下的痕跡。越年老的個體刮痕越多，體色越是蒼白。牠們把生活紋記在體膚上，像生命的勳章、像歲月的光采。

這次從事「花蓮沿岸海域鯨類生態研究計畫」當中，曾多次近距離和花紋海豚接觸，我發現，每一隻的紋身花采都不相同，有大小圓圈、有如樹根盤纏的斜叉條紋……

如河川水系、如山頭斑白初雪、如浪花白沫飛揚……工作成員之一楊世主說：「難道牠們在彼此身上玩耍圈圈叉叉的遊戲。」我想起一個底片廣告的廣告詞——用底片來寫日記。花紋海豚，牠們用身體皮膚來寫日記。

這是第一種我能辨認的鯨豚。也許，五年前的那次接觸我已經直覺到，這種海豚將和我的生命深刻交集。當時，我在筆記簿上寫下：「我感覺到，牠們將爲我延展海洋視野的另一扇門扉……」

果然，執行這個研究計畫的首航就遇見了牠們。那至少和船隻間隔還一百公尺距離外，我已經遠遠喊出牠們的名字。而且，之後的幾個航次牠們幾乎未曾缺席，像一群陰魂不散的幽靈那樣靜靜默默突兀地出現在船隻左右。由於工作船缺少檢測儀器，我們無法肯定經常出現在船邊的花紋海豚是否爲同

一族群，但是當我串連和牠們接觸的筆記資料；當我仔細回想一次次和牠們的接觸過程，牠們和船隻的對應關係竟然如連續劇般逐波推演著精彩劇情。這樣的結果讓我心情激動而且震驚不已。

前四個接觸航次，牠們明顯而刻意地和船隻保持大約二十公尺距離，船隻的趨近企圖全被牠們游進的速度和方向有效地化解，那是無法討價還價的隔閡。第五個接觸航次，船隻被允許靠近到十公尺距離；而後，每一個航次、每一天，船隻和牠們間的距離逐次縮減；第九個航次起，牠們偎在船頭停止游進；牠們花花白白一群漂浮在船前水面；牠們的紋身花朵幾乎伸手可以觸摸。

回想起來，像是安排好了的節奏，牠們和船隻的接觸歷程有著不著痕跡的策略——經由試探、確認而後完全信任地表露出牠們的和善態度。最後，牠們是那樣毫無戒心、毫無間隔距離……對我們而言，這已經是如擁抱般的親密關係。

我們帶著誠懇拜訪的目的出海，而當我們被允許如此親近的時候，我強烈感受到和鯨豚間的美麗情誼已經從我們和花紋海豚的對應關係中萌芽啓動。

若將這一段與花紋海豚的接觸歷程比喻爲人類間的情愛關係，花紋海豚顯然是主動的，牠們掌控著接觸的節奏和旋律，而且是那樣地細膩、那樣精確地收放運用，一點一滴釋放感情，卻又大筆大筆地擷取對方的全部感情，那眞是足以讓另一方陷入著迷、痴狂的高超手法。

2

首航那天，船隻跟上牠們，就二十公尺

距離一起同游。牠們圓鈍的額頭一下下緩緩舉出水面，像一根根一端失衡不斷突露水面的粗壯漂流木；也像一群蛙式游泳選手一下下把頭額露出水面喘氣。船隻試著泊近，牠們並不驚惶，只稍稍修正群體游進方向，依然和船隻保持二十公尺距離。

一邊尾隨著，船上工作夥伴一邊談論牠們：「牠們吃食小管、魷魚等軟體動物，上頜沒有牙齒，下頜僅二至七枚牙齒……」我想到一群下巴縮癟沒有牙齒的老阿公、老阿婆游在我們船邊。牠們的確有蒼老的姿態，緩慢而穩重地換氣和游進。

有一隻體色較黑應該是較年輕的個體試著躍起，但不像其他種海豚那般全身躍起水面，甚至不如大型鯨般至少還把身軀的十之八九舉出水面，花紋海豚顯得老氣橫秋，就那麼意思意思一下，大約僅一半的身體僵直笨拙地舉出水面，在空中稍稍偏轉，然後像一根大鐵鎚樣，不堪負荷鎚頭的重量似的，重重撞下水面。

花紋群體中，至少有五對是體型大小差異明顯的母子對。是媽媽護著牠們的小朋友比翼同游。那眞像是一對對媽媽牽著穿制服的小朋友來到學校門口的情景。

牠們是那樣地從容，船隻傍隨牠們已經超過二十分鐘。我能感覺到牠們稍稍帶著警覺，也稍稍帶著欲迎還拒的善意。

3

花紋海豚湧動的水波間，一扇帶著耀眼斑點的綠紫色魚鰭高高豎起在水面上。

船長和我同時看到了，我們同聲大喊：「馬林！馬林！」那是一條受到驚嚇的雨傘旗魚。旗魚被這群游過的花紋海豚嚇得愣在

水面上動也不動。

像一隻受驚嚇的貓把背脊拱起、把領毛直豎，這尾旗魚把帆樣的背鰭張舉在水面上。船隻迴首泊近到牠身邊，這尾旗魚仍然愣在水面上不敢稍稍妄動。

我想起船長曾經說過的一段海上經驗——大約二十年前他曾經在屏東後壁湖漁港外鏢獵雨傘旗魚。船隻開出港後泊在海上等候，等候海豚追趕雨傘旗魚過來。雨傘旗魚會被海豚追趕得驚惶失措，背鰭高高舉在水面上乖乖地不敢妄動。船隻開過去，不必追逐，像收受海豚致贈的禮物般從容取魚。

船長說，所以，那個港腳的討海人都很尊重海豚。

大概經過十幾個工作航次後，一次回航途中，船長想起什麼似的小聲問：「喂——你有沒有發覺，每次碰到雨傘旗魚也都碰到

了花紋海豚？」我回想這十幾個工作航次……果眞如此！我仔細思索著花紋海豚、雨傘旗魚和漁船間的三角關係，難道花紋海豚能夠了解漁船鏢獵旗魚的職業需要？我感到心思全被掏空了，難道花紋海豚能夠解讀船上討海人的想望？

有一次，一條雨傘旗魚浮出在一群飛旋海豚身後，我取笑著說：「吶，飛旋海豚也學會送禮物了……」一句話還沒說完，一群花紋海豚與飛旋海豚對衝游向船首，像是不願意飛旋海豚爭奪功勞，牠們適時浮出水面宛如在對船隻說：「看清楚了沒有，是我們花紋海豚。」

4

另一個航次，下午一點三十分，我們在海岸山脈北端起點，七七高地外，發現沿岸

淺水區裡一對泛著青綠色澤的魚體。我們原本以爲是一對蝠魟。船隻側偏接近，牠們匆匆出露水面，一雙背鰭劃水切入。我是看到了花紋，但我不相信牠們是一對花紋海豚，因爲顏色不對、換氣頻率不對、游進速度不對、水深不對（牠們通常出現在水深一千至一千五百米海域）……，總之牠們不是過去幾天深刻烙印在我腦海裡的花紋海豚，這兩隻海豚既不穩重也不溫文緩緩。

牠們敏感、敏銳而且快捷地在水波裡彎繞盤游，這兩隻花紋海豚很少浮上來換氣。船隻滿載著懷疑在水面上跟住牠們。有時候追丟了一隻，只剩一隻矯捷地在水面下奔游。一陣子後，不曉得什麼時候，牠們又兩隻成對。

從那一天起，花紋海豚的影像在我腦子裡變得撲朔迷離。之後的每一次接觸，牠們像伸展台上的模特兒那樣迅速地變換牠們的容貌。牠們可以二、三十隻擠成如舷邊的一灘浪花；也可以二、三十隻鬆散地團團圍住船隻；牠們也能全身跳起，連續跳起讓我錯以爲牠們是一群跳水專家——飛旋海豚。牠們似乎可動可靜、可深可淺、可傻可慧，牠們是一群極富生命彈性和生命花朵的海豚。

牠們高深莫測，感覺上牠們那樣從容地握住我的所有，讓我感覺赤裸裸的羞赧，而我只能用猜測、懷疑和假設來揣摩牠們。

到後來，工作船上流行一句話——不要懷疑，牠們什麼事都做得出來。

5

七月十二日，這個研究計畫的第九個航次。船隻往南航行，南風徐徐，迎面吹散了陽光的熱氣。

接連幾天海上作業，船上每個工作成員都曬脫了一層皮。船隻航行了近三個小時，海面平滑柔順沒有一點動靜。我坐在船尖鏢台上打瞌睡，偶爾回頭看時，塔台上幾個工作成員坐靠在欄杆上不住地點頭。只有船長醒著，有氣無力地掄轉船舵方向盤。這樣酷暑的七月天，我們每天在海上像魚乾樣的曝曬，我們都覺得累了！

「在那！在那！」船長急促的吼聲大力敲在我們沉沉的夢裡。才幾秒鐘，大家都醒了，大家都活轉過來了，只要碰上鯨豚，我們內心的熾熱媲美七月艷陽。

定神一看，是三隻花紋海豚而已，和船長的大聲叫嚷比較起來難免有些失望。船隻持續泊近，牠們在船前約十公尺距離，群體舉尾下潛。

再浮上來時，一、二、三、四、五。哇！變魔術一樣，牠們多了兩隻。像是約定好的，牠們幾番在船頭前十公尺舉尾下潛，而每次浮上來就多了幾隻。世主開玩笑說：「原來牠們是這樣繁殖的。」

像一條索帶牽引，船隻被牠們一陣陣牽引拖拉後，彷彿被引領著撞進牠們的主群體裡。一下子工夫，船頭、船尾、船舷兩側都看得到牠們高聳的背鰭湧動。那至少是五十隻以上的隊伍。

別以爲這就是高潮主奏，之前的這一拖一拉牽出牠們群體的過程只是序曲而已。牠們不大搭理船隻，只是簇擁著船隻前行，似在趕赴一場盛會。

船長眼尖，就在花紋群隊的尖端外，他看到了兩隻長著嘴喙、小三角背鰭、體色棕紅，那明顯是不同類種的海豚游在群體花紋海豚前頭。

南風驟起，海面掀起白浪，全船屏息凝神將眼光放在花紋群體的前端。

牠們整群躍出水面，像是要拔起水面所有的海水，那至少有一百五十隻以上的個體近距離猛爆似的在船前翻騰大片水花。「弗氏海豚！弗氏海豚！」身後塔台上有人高聲吶喊，確認是弗氏海豚——一種大體型但極爲害羞的海豚。全船的情緒被這陣群體翻躍扛上了峰頂。這是實行這個計畫以來首次碰見的種類，工作成員都成了有強烈蒐集癖好的蒐集狂，每個都像戰場上將槍托抵緊肩胛的戰士，我們瘋狂地按下快門。

花紋海豚明顯分成兩個群體，分頭追在兩大群各有兩百隻左右的弗氏海豚後頭。

弗氏海豚集結緊密，行動矯捷，每番躍起，牠們個體間幾乎是到了相互摩擦肌膚的緊密程度。牠們慌張躍起，惶惶衝落，拍打

出綿綿白色水花，那是逃命般的驚惶錯亂。

花紋海豚穩穩追在後頭，再後面，船隻激情、興奮地尾隨。

弗氏游速極快，下潛得也極快，往往一陣啪啪水聲後，牠們整體下潛失去蹤影。

花紋海豚穩穩游著，不忙不亂，始終帶著船隻往前挪移。教人不敢相信的是，只要順著花紋海豚指示的方向看去，不用多久，原本躲藏失去蹤影的弗氏群體就像憋不住氣的潛水者，紛紛衝出水面。

弗氏海豚顯得更焦躁了，無論牠們怎麼逃、怎麼躲，花紋海豚在水面上緊緊咬住尾隨，像是一根根大的指頭在水面上標指著水面下藏匿的弗氏海豚。我想，弗氏海豚一定很頭痛、很不耐煩，牠們被這群花紋海豚死死纏住，牠們也因此無法擺脫船隻的跟隨。

這群花紋海豚顯然是和船隻站在同一陣線，或者說，船隻已被看待是牠們群體裡的一員。我們把弗氏海豚當做是共同獵物，當然，無論是船隻或是花紋海豚都不會去傷害獵物，船隻有攝影及調查的任務所以得尾隨接近牠們，但花紋海豚這樣苦苦追隨究竟爲了什麼？

花紋海豚似乎懂得我們的工作需求；懂得弗氏海豚是我們發現的新物種；懂得我們碰上弗氏海豚的激動情緒，花紋海豚彷彿在幫助我們追緊弗氏海豚。

在這場追隨過程中，有時候弗氏海豚潛藏了一段時間沒有出現，花紋海豚群體一樣引領著船隻，近近游在船邊。我發現，這時候船上所有工作人員似乎都利用這段時間休息喘氣，大家把攝影機放下來，沒有人拿相機去拍攝近在咫尺的花紋海豚。我回頭說：

「啊，花紋跌價了，沒人要。」

花紋海豚一樣穩穩游在船邊，似乎並不在意已經不再是工作船的眼光焦點。牠們揭開序幕，弗氏海豚已經取代了牠們的主角地位，牠們還是穩穩游著，像是彼此牽著手不計得失共同追尋著一致的目標。

這樣的和善態度是溫暖的，這份情義已經模糊了我們的分別，牠們也是工作成員，牠們是同志、是幫手；我們也變成了花紋海豚，正在感受花紋樣的多采生命。

直到攝影機電池用盡了，底片也用完了，船長才問大家：「滿意了嗎？」一時間沒有人回答，大家都還停駐在那綿綿的高潮尖峰上下不來。我回頭看工作同仁，覺得大家都帶著花紋樣的笑容。

船隻停泊，準備煮食午餐，下午一點二十分。

花紋海豚也停下來了，不再繼續追逐弗氏群體。弗氏海豚遠遠揚起解脫的水花，越離越遠。

我坐在鏢台上，看花紋海豚們在船尖前漂浮，陽光在牠們身上編織出顫擺的光紋麗網，像一個包裹著白紗的少女胴體；像一個個神祕和善的海洋精靈。

牠們認得這艘船，認得我們每一個人……很難形容出那樣美麗溫暖的知覺。人的一生中眞正難得有幾次這樣的機會。我坐在鏢台上知足的笑了，心裡裝滿了醇酒，我微醺微醉。

我們是台灣島上帶著親善任務發射向外太空的一艘探險船，我們在茫茫宇宙中尋找友善的接觸機會。牠們就在船前，在大片清明的藍色世界裡。

6

牠們兩隻一對，排成一列，做極高速的游進，大約每三十公尺，牠們一起噴出一束高揚的水霧。我們喊著、喊著，船隻箭一樣的尾隨奔去，我們以爲又發現了新物種。那是我在海上曾經見過游得最快的一群。

牠們似是看到了船隻跟來，速度緩下來，頭顱露出水面，像是對我們說：「嗨！我的朋友。」

牠們竟然是一群花紋海豚。

7

有很多書籍資料談到海豚的智商、談到牠們的智慧，我總是覺得人類始終站在一定的高度俯看牠們。和花紋海豚的多次接觸後，我想說的是，人類在俯看牠們的同時，可能也顯示了人類有限的智慧。

8

船長遠遠看見水花就斷然地說：「是牠們！」隨後轉過頭來要和我們打賭。我們打算在下一個航次帶一些魷魚做爲禮物。

七月底，葛樂禮颱風，接著賀伯颱風，兩個颱風使我們十幾天不能出海。

海濤洶湧滔天，站在海崖上，我眺望遠方濛濛海上，不曉得牠們是否平安度過颱風。

我像思念情人般思念著牠們。

我感受到海洋蘊蓄的無窮魔力。
原來下海的每一步路都如船尖探觸海面——
我在尋找、在等待，
也許，
海洋能夠給我一個黑白分明的答案。

黑與白

——虎鯨

1

年輕時很喜歡在海灘上流連。起落不息的浪潮，往往能分別我心裡種種模糊不清的是非與黑白。

三十五歲那年，出海捕魚成爲討海人。我能知覺，航行出海如解脫鉛錘鐐銬般的舒暢，我能知覺海洋向我漸次展露的魅力……但我終究無法自我解釋，出海到底爲了什麼？

破曉時分，經常看見海豚躍出海面。海豚迅捷地衝起衝落，留下一陣陣水波漾在海面，漾在心頭。那是兩個世界、兩個生命間的因緣擦觸，雖然短暫，但那驚訝與感動，如心中的水波向外湧推，久久不能平息。

我感受到海洋蘊蓄的無窮魔力。原來下海的每一步路都如船尖探觸海面——我在尋找、在等待，也許，海洋能夠給我一個黑白

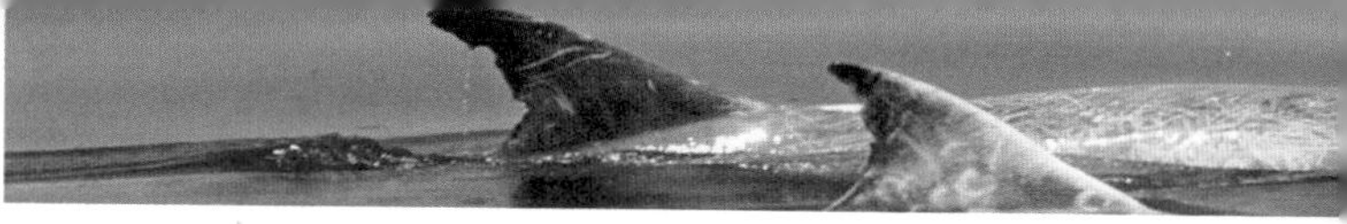

分明的答案。

2

七月底，葛樂禮颱風、賀伯颱風相繼來襲，工作船在重重防颱纜繩中繫綁了十四天。濛濛浪靄沿岸翻飛不息。如關在船渠裡的船隻，我感到受困的焦躁與不安。

兩個月的「尋鯨計畫」已經過了大半還未發現大型鯨；已經四十歲的年紀似乎越來越不堪任何的遲滯與延宕。想起紀伯倫的一首詩——

……
再也不能躑躅了，
召喚一切的海，正在召喚我；
我必得上船，
因爲留下來便會凍結，
便會僵硬如被鑄限在模子裡……

不能再躑躅了，儘管第三個颱風寇克在台灣東北外海滯留徘徊、長浪未定，不能再躑躅了！八月九日，我們解纜從花蓮港出海，航向花蓮南方的小漁港——石梯坪。

南方海域有許多著名的漁場，船長和我都認爲，南方海域應會有更大數量及更多種類的鯨豚出沒。

3

下來石梯港已經過了五天，寇克颱風仍然滯留徘徊。

五天來，海況持續不穩，颱風長浪翻攪海底泥沙，大片黃綠色濁水始終瀰漫整片海域。工作成績一直不理想，海上鯨豚的處境大概也和我們一樣，全都在舉止不定、黑白不明的風浪裡擺盪。

五天下來，船長似是開船開累了，早早

就把船頭指回港嘴。儘管每一個航次都多少發現了幾群海豚，但牠們總是匆匆惶惶，像在趕路或者是逃難。所有我們急於拋出船舷外的親善意圖，全被颱風浪應聲攔斷。牠們只顧衝浪前行，船隻和牠們的關係相隔遙遠，那樣的感覺是陌生而落寞的，如蕭瑟的戰場氣息，船隻像是浮在海面上的一片枯葉。

晚上，我們在港邊碼頭上喝酒聊天，長浪沖進港岬，船隻被流竄不定的水流前後拉扯，纜繩一陣緊一陣鬆，發出類似呻吟的咿哦聲……船長神情嚴肅的說：「看樣子，明天開回去好了。」那是豐富期待後急遽失落的心情。

喝下幾杯酒後，我懷念起北方海域屢次與我們周旋親近的海豚。

許多虱目魚躲避風浪游進港裡，天黑後，當地漁民在港區布撒長網，大約每兩個小時間隔便划著竹筏下去收魚。幽幽燈影外，一艘竹筏坐了七、八個人，分別拿著長篙奮力撐船。幾個工作小組成員跟下去收魚，黑暗裡傳來他們宣洩似的吶喊和嘯叫。

4

一個灰濛濛人影從港堤上緩緩走入我們圍坐的燈影中。是一位熱心生態攝影的朋友從台北問路找來；稍晚，研究生「土匪」也開車來到港邊，他原本要上山作蛇類研究，山路崩斷了，他從南投轉折過來。

我曾經在海上巧遇一位多年不見的朋友，那感覺和岸上相遇全然不同。

今夜，在這南方小港碼頭邊，我又有那股海上相遇的溫暖感覺。

5

氣象報告說，寇克颱風開始啓步北挪。看著畫面上的衛星雲圖，我想，那是多大的力量和多麼空白的心才能把雲絮拖聚成這樣黑白分明的漩渦。

6

八月十五日清晨，屋簷滴水，窗外海面灰濛濛一片，海面少了旭陽亮點就像少了朝氣活力，今天的海顯得陰森沉重。

可能沒辦法出海了。冒著雨在港堤上處理前些時候當地漁民誤捕拋棄的一顆花紋海豚頭骨。先把腐肉割除，再放到大鐵鍋裡煮，腐臭味瀰漫整個港區。

十點多，天上陰霾裂出微陽，雨點收束，陽光亮點熾熾閃閃浮上海面。海上彷彿傳來召喚的聲音。七個人匆匆登船，合力解纜邁浪衝出港岬。

一道墨藍潮水逼壓颱風濁浪，近岸劃出海面一道黑白分明的交界線。出航不到十分鐘，船隻就已泊進深色潮水裡。船長唸了一句：「南流緊強！」船長這句話意謂著海象已經改變——前幾天盡是颳著強勁的「苦流」（由北向南的洋流）——心頭一陣振奮，這將會是個黑白分明的一天。

果然，沒多久就遇上了一大群花紋海豚。牠們陪在船舷邊久久一段時間，像是終於擺脫了颱風浪的糾纏而忘情地在船邊翻跳，惹動了全船許久不見的尖叫歡呼。

午后，船隻泊在石梯坪外煮食中餐。黑色潮浪軒昂不息，兩隻水雉鳥低翅飛向外海；北風漸起，灰雲低空盤聚，黑色潮水如兵敗退縮，一下子就退卻到遠遠外海把船隻遺棄在淺色濁浪裡。這不是好現象，黑潮泫

外表示魚隻都將沉伏；灰雲集結可能會有風暴。港口又近距離張著大嘴，像是在招攬我們回航。

吃過飯，船長下巴甩向港嘴問：「怎樣？」

所有條件都指示我們應該返航，但是，不甘心罷手！對南方海域的期待好不容易等到今天才綻露曙光，我難得那樣肯定，也不徵詢船上其他人意見，直直說出：「刺外駛出去，流界邊邊巡一趟再回去！」

船隻筆直朝外。越過潮界線後，船頭打南偏外。全船似在期待什麼似的靜默無聲。

才駛了一陣，船長毫無徵兆地猛然將船隻迴轉朝北。不曉得船長在想什麼，這個迴轉毫無道理。

轉頭上風不久，船長就喊了：「啊——噴水咧——很高！」手臂直挺挺伸指船前。

我和土匪站在船尖鏢台，揚頭看到正前方大約五百公尺外一束水霧接續昂起，……隱約一根黑挺挺背鰭劃出水面。

「是大型的、大型的……」後背塔台上傳來一陣急促的呼喊。

引擎催緊，擂擂如急鼓敲打。

如海面一朵綻放的黑色花朵，一扇尾鰭高高盛開。

確定是大型鯨！是大型鯨！船上一陣陣呼嚷，我感覺到手指和腿骨都在顫抖，那是摻揉著興奮、惶恐……如山峰谷底樣的失控情緒——我們終於遇見大型鯨；終於處在懸崖邊緣。

我感到血脈上衝、筋絡拉拔扯緊，就這急速決定泊近的短短距離，如果牠隱沒消失，我們都將摔落谷底。

7

七月中旬，我們在鹽寮海域有過類似的經驗。那天，遠遠看到兩堆背峰浮在海面，那是龐碩的背脊。

船隻轉向偏進，驚喊聲都還包裹在胸腔裡來不及衝出喉頭，牠們毫無預警地陡然消失，如海市蜃樓幻滅無蹤。

船隻在海面愣了半個小時，如跌落谷底，久久掙不上來。

8

船聲、喊嚷聲直如破雷，如累藏的巨大能量崩潰決堤般洶湧傾洩。

牠跳出水面，肚腹朝向我們彎腰全身躍出！

距離還遠，這一跳太過唐突，無論眼睛、鏡頭或是心情都還來不及抓住牠拔水躍起的影像。牠已爆炸樣摔落大盆水花。但是，足夠了，那亮麗勁猛的一道弧線，那黑白分明的肚腹……如針尖點在心頭。

我們傻住、愣住，如何也不敢期待這短短兩個月的計畫中能夠看到牠；不敢奢望首次遭遇的大型鯨竟然會是牠！

身材高大的土匪在我身後氣喘吁吁反覆叨唸：「虎鯨！是虎鯨……」的確是俗稱「殺人鯨」的虎鯨！

從日據年代台灣捕鯨時期曾留下的虎鯨死體檔案照片到今天，沒有任何牠們曾經在台灣海域出現的生態紀錄。

船頭浪花切切迎風翻飛，鏢台起伏搖擺著夢一樣的節奏。辨認是虎鯨後的過度眞實反而拉開了眞實，越來越近的虎鯨竟撲朔迷離成黑白模糊的夢境。

我不敢肯定這是奇蹟，不敢肯定不遠船

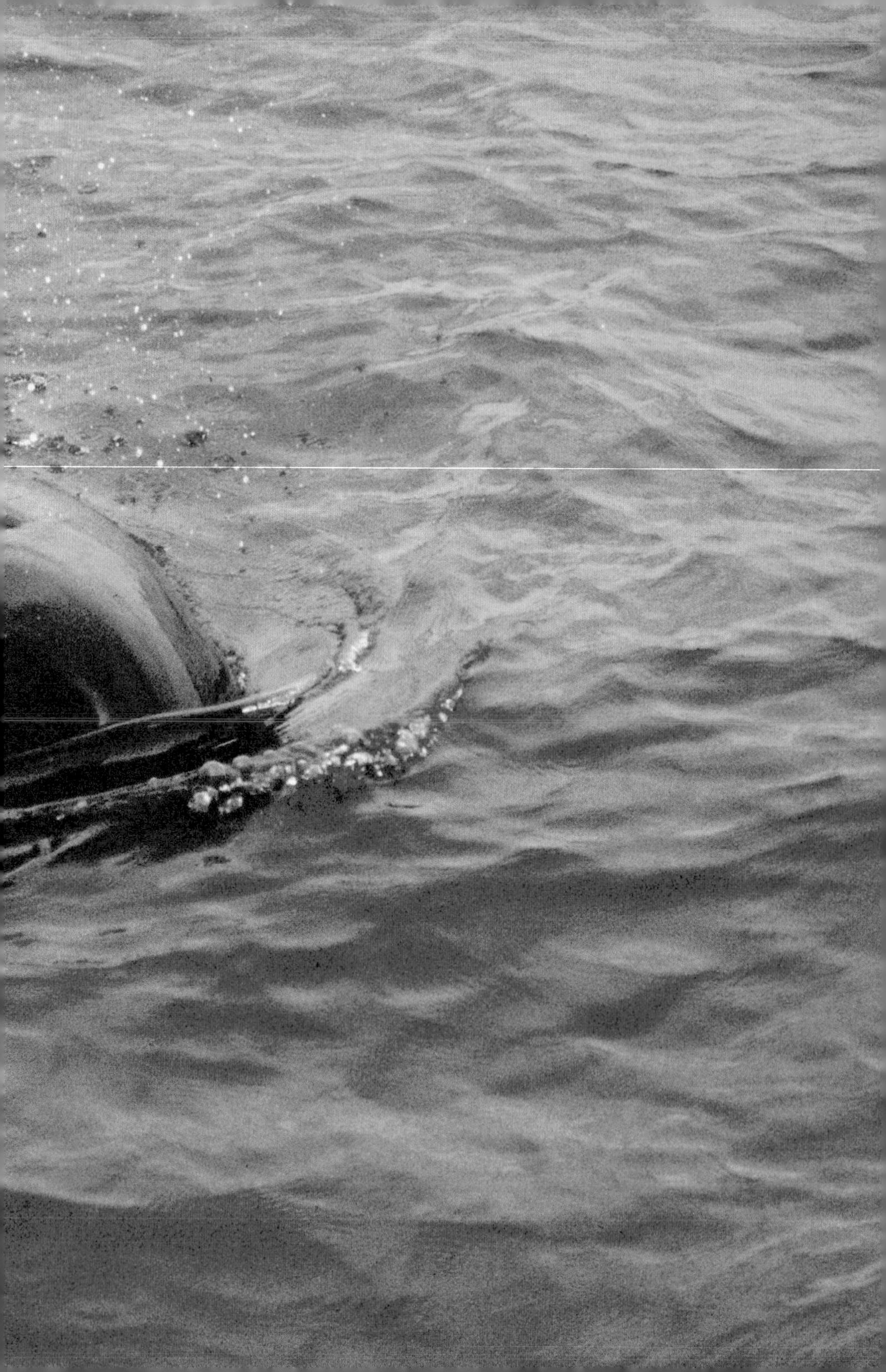

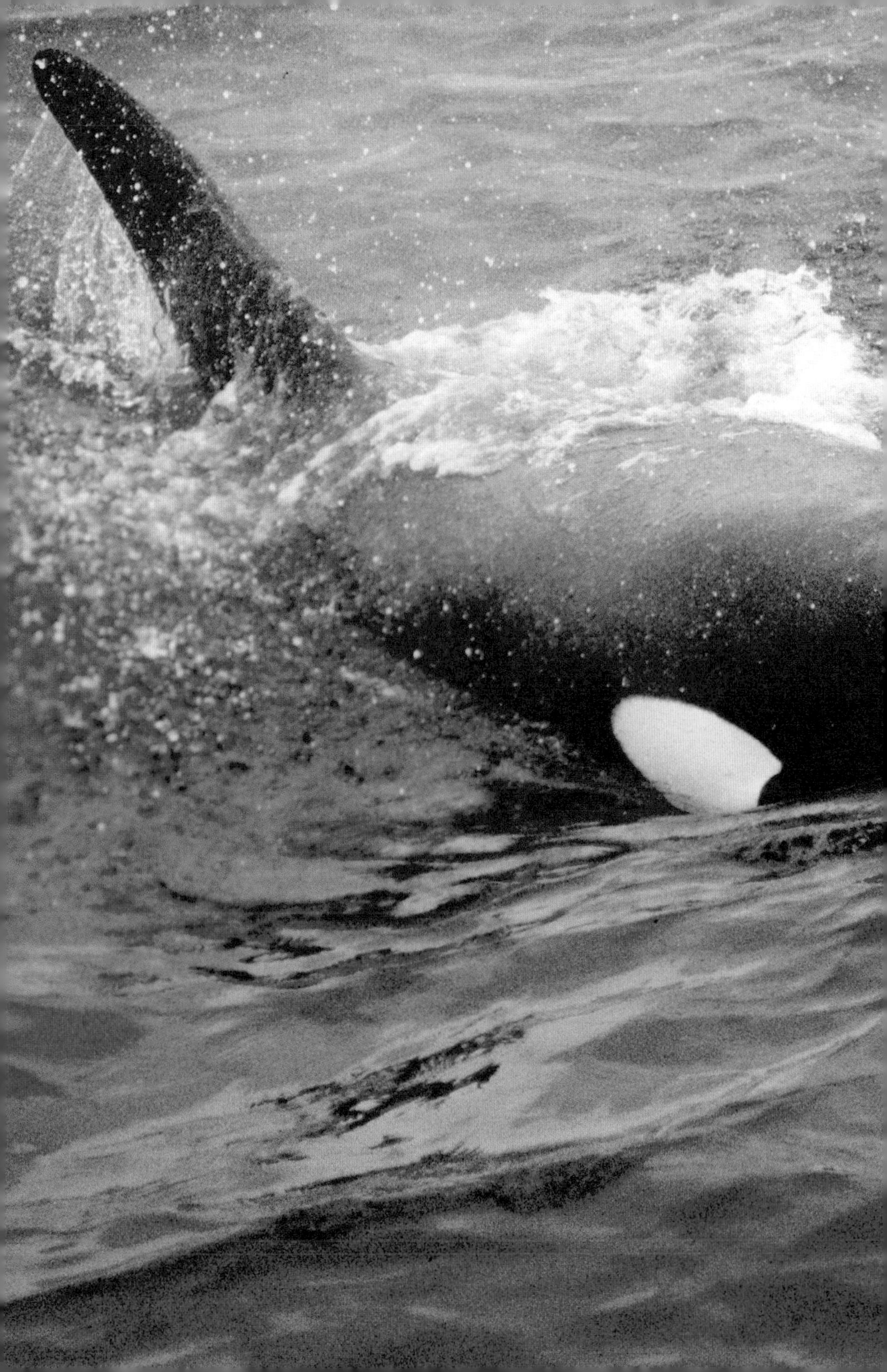

前的是與台灣島嶼曠世久違的虎鯨。

那是一群虎鯨！在近切的距離中，我們逐次算出共有六根背鰭掄出海面。

大約三十公尺距離，船長將船隻停下來不敢冒進。我們沒有把握，再靠過去牠們會如何反應？

潛水離去？抑或群體攻擊船隻？曾經讀過一本資料上說，才二、三十年前，牠們還被形容爲「只要一有機會便會攻擊人類」、「是地球上最大的食人動物」……虎鯨成體大約九公尺長，體重可達十噸，幾乎和工作船等長、等重，牠的游速可以高達每小時六十四公里，食性兇殘，食量驚人，會吃食其他哺乳動物。牠一次能吃食十三隻海豚、十三隻海豹，甚至體型比牠們大的鬚鯨也是牠們獵食的對象。

牠們是海洋裡的獅虎；是海上的霸王！

牠們發現船隻了！那龐碩的身軀迴轉扭動衝向我們泊止的船隻！

沒有絲毫遲疑，沒有任何顧忌，牠們整群衝了過來！

牠們和船尖頭對頭快速迫近。我站在船尖鏢台上，眼愣愣盯著那隻帶頭衝刺的虎鯨游過腳下，眼看著就要撞擊船頭。

9

事後，船長說，那一瞬間他眞的嚇了一跳，他以爲殺人鯨要來撞船。整個過程的錄影帶，也在那一剎那陡然上仰，出現天空的混亂畫面，那是攝影師受到驚嚇忙著要扳牢塔台欄杆的結果。

10

虎鯨衝到幾乎要和船尖親吻的距離，倏

地側身迴旋。那是高超的泳技和高尚的態度。牠垂下尾鰭，把頭部露出水面，牠沒有碰到船尖，連輕輕觸碰一下也沒有。

牠臉頰偎著船尖牆板，如老朋友相見般親暱地和船隻擁抱擦頰。

那顯然是牠們表達親善禮儀的方式，沒有絲毫矜持、直接又大方地表露出海上相遇的溫暖感情。

過去遭遇的其他種鯨豚，總要歷經試探、確認的過程後才肯以這樣近切的距離和我們接觸。虎鯨豪爽地省略了觀望的過程，不計後果地、直刺刺地和我們相擁相會。

有幾隻順著船舷擦身游向船尾；有一隻潛下船底斜身穿越船下；碟子般大的圓圓鼻孔大聲地噴起高昂的水霧。虎鯨這樣坦率的行動，讓我們都失了魂，無意識地呼喊，分不清是激情、感動，是夢裡的恍惚，還是承受不住盛情的呢喃。

喊叫聲漸漸沙啞、漸漸哽咽……

我聽到站在身後的土匪，從不停的喊叫、狂嘯……而變做嚎啕的哭泣聲。我回頭看他半跪扶著鏢台鐵圈低頭嚎哭。就在我們腳下，一頭虎鯨側翻，用牠好奇的眼睛斜看著我們。

我拍了拍土匪的肩膀，才驚覺到自己噙在眼裡的淚水，我能理解他嚎哭的原因，我相信船上還有其他人眼眶濕濡。

那突如其來駭人的龐大身軀、那爽直親善的友誼……我們狹窄的心胸，如何也容納不下這般驟起陡落的激盪，除了眼淚，人體大概再也沒有其他器官足以吐露胸腔內橫溢的感觸。

牠們是五隻成鯨和一隻仔鯨組成的鯨群。仔鯨如影隨形親暱地游在媽媽身旁，那

是一幅天倫畫面，牠們在偌大的海洋裡幸福地擁有彼此。

資料上說，虎鯨和其他群居動物不同，無論旅行、獵食、休息和玩耍，牠們都在一起，而且終生不渝。

牠們一直跟著船，沒有離開的意思。船隻緩緩直線航進，牠們就在船邊、船下圈繞穿梭。牠們眼上的大塊白色圓斑，使牠們看起來始終帶著和善的微笑，我們早已忘了「殺人鯨」這個人類穿鑿附會而牠們無辜背負的惡名，事實上，並沒有一樁牠們攻擊或是殺害人類的紀錄曾經發生。

我們船上七個人都能指證，這一場接觸過程中，牠們和船隻、我們之間沒有間隔距離，以牠們的能力，要把我們撂到船下並不困難，整個接觸過程中，牠們不曾稍稍顯露任何惡意。

反而，是我們曾經疑懼、曾經誤解善意、曾經躑躅不敢眞情表露友誼。

這份人類的沉重和遲疑，早已被那直驅而來懷抱著童心的虎鯨輕輕瓦解、鬆綁……一股說不出的愉快壅塞在心頭，那是四十歲

年紀的我這輩子不曾有過的感覺。

我們俯趴在右舷板上，盡力伸長了手臂想和牠如布丁果凍般顫搖的背鰭握手。牠高大的背鰭昂立切水潛入船底。我們一起奔向左舷，伸手迎接牠淋水劃出左舷的鰭尖。船長在塔台駕駛座上高喊：「不要這樣左跑右跑，船隻會失去平衡！」

此情此景，我們的情懷早已傾洩入海失去了平衡。沒人理會船長的警告。

11

大約四十分鐘後，牠們結伴離去。船隻催促跟上。

竟然那麼意外地，牠們像是曉得我們還想繼續與牠們接觸、交往的貪婪，牠們還是同樣大方爽朗，並不計較不久前才表露過的親善禮儀。再一次，牠們親暱地貼近船舷。

牠們在舷邊倒翻肚腹，大片雪白肚子赤裸裸袒露在我們眼裡，長卵形大扇胸鰭優雅地緩緩拍水。

像是應觀眾要求，每番牠們落幕離去，都會因我們的喝采、追隨，而返頭回到舞台再爲我們表演一段。而且是那麼有耐心、那麼不厭其煩地一而再、再而三地賣力演出。

牠們高高舉起尾鰭，似在表演水中倒立特技；牠們拍打尾鰭，正著拍，仰倒著拍，拍出巨大掌聲樣的盡興水花；也曾交錯湧疊，如在表演水中疊羅漢；有一次高速側衝船舷，就在幾乎碰撞尖叫的剎那，又敏捷地側翻，如流星一樣劃一道弧線拋射離去……牠們是一群舞者，在這遼闊的舞台爲我們表演海上芭蕾。也只有海洋這樣的舞台，才容得下牠們盡情盡興的演出。

有一次，牠們快速離去，船隻用了最大

馬力仍然無法追隨，船長著急的喊著：「完了，完了，牠們走了！」

就在牠們高速湧去的前方，一大群，至少三、四隻的弗氏海豚急躁倉皇地躍出海面。

虎鯨在獵食。碰到這群沒有天敵的海洋之王——虎鯨，弗氏海豚不得不惶亂地奔竄逃命。

追獵過後，虎鯨群又回到船邊，像是在和我們戲耍似的高高吐氣。鏡頭濕了、褲腳濕了……霧氣沖噴到我臉上，除了友誼的芬芳，我聞不出牠們剛剛追獵的血腥殘暴。

12

牠們走了。決定離開的時刻到了，牠們說走說走，如精靈一樣，翻身不見了蹤影。

船隻躊躇地轉了幾圈，茫茫海上再也看不到牠們的痕跡。

整整兩個小時的接觸，我感覺到牠們握住了我的心，即使牠們遠遠離去，我也感覺和牠們之間已經絲線牽連，終生不渝。那黑白分明不會褪色的溫潤感覺，如一塊璞玉埋入心底。

13

那晚，我們抱成一團，我知道有人誠摯地哭了，我也知道，那六頭精靈樣的虎鯨也和我們緊緊抱在一起。

14

之後，小組成員有人提議把工作船漆成黑、白兩色；每次出海我經常錯覺船舷邊有牠們黑白分明的身影，我漸漸喜歡上黑白兩色的衣服……牠們印在心底，無法抹滅的清

明與黑白。

15

收到土匪寫給大家的一封信——

……即使如今已遠遠離開，我的心思還似懸在船上伴隨你們出海。我努力回想當日的景象，但總是覺得缺少什麼似的無法重臨現場。也許只有當我們再次相聚，才能召喚出腦中的全部記憶；而要完整結構出同樣的情緒，則必定要那六頭溫柔的黑白天使再次出現……

16

計畫結束後，回到擾攘的城市，再度面對人事的混濁和黑白模糊的是非。

想念海洋，想念那六頭黑白分明的虎鯨。

花蝴蝶樣聰黠的瓶鼻海豚。
我感覺內臟都在融化，
牠的眼神、
笑容全像一泓清水流入胸腔。

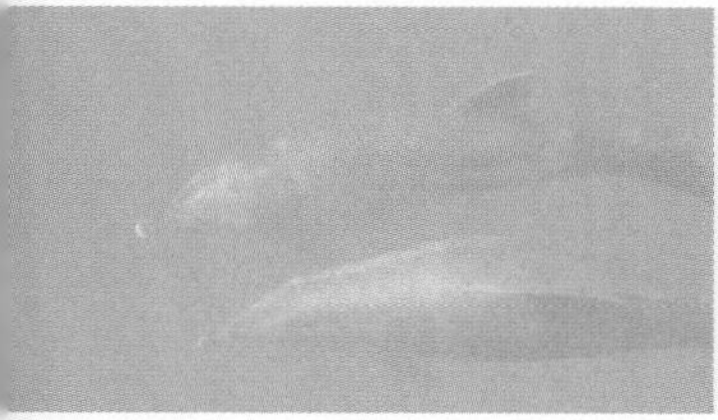

奶油鼻子

——瓶鼻海豚

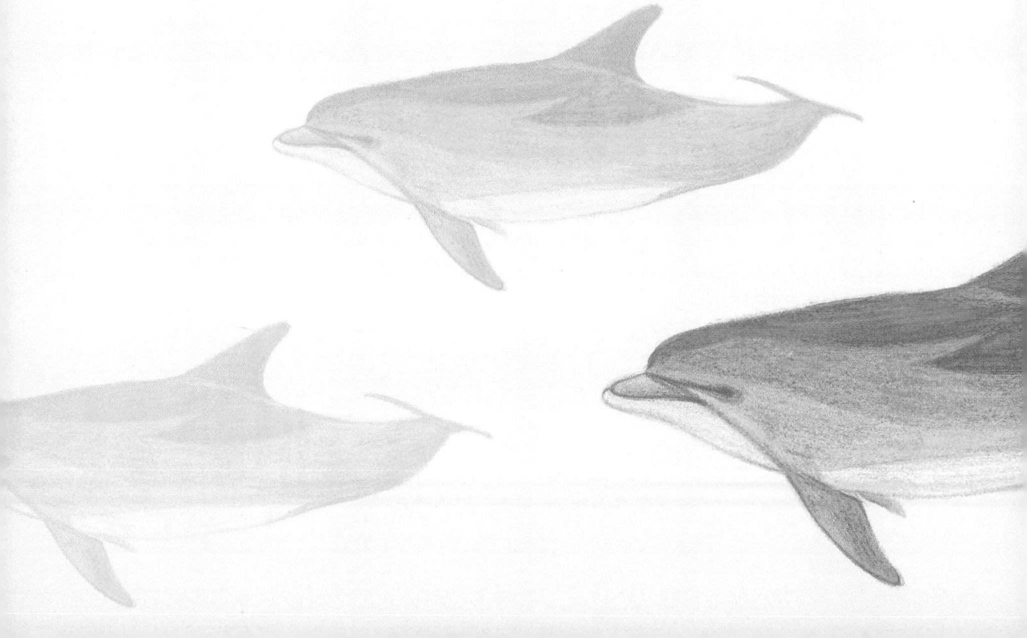

1

「尋鯨計畫」開始的前幾個航次，當船隻遠遠與一群海豚接觸，那時，我並不懂得如何分辨看起來全像一個模子印出來的尖嘴海豚。船上有經驗的研究生會用英文喊出在船前跳躍、游走的海豚俗名。沒錯，我的確是聽到了「Butter nose」（奶油鼻子）這個名詞。

是喔，是喔！一下下露出水面的嘴喙及額隆，是那麼油亮光鮮而且短巧可愛，眞是一群滑膩黏溜的奶油鼻子。

2

後來，再遇見這個種類的海豚時，我學會分辨了。多麼得意的腔調，我指著牠們用中文高喊：「啊——奶油鼻子！」

我發現研究生們因爲我這一聲喊嚷而轉頭看我，一臉狐疑、詫異，好像在說：「哪來的新名詞？」

原來是瓶鼻海豚——Bottlenose！不曉得是他們講得不好？還是我聽得不好？

之後，再碰到牠們時，很奇怪的是，儘管我已經知道牠們叫瓶鼻海豚，但是第一個浮現在我腦子裡的名詞仍然是奶油鼻子。

3

奶油鼻子是海洋育樂世界裡常見的明星，在表演水池裡，牠們隨著訓練員的手勢及哨音，做各種花俏的跳躍及類似馬戲表演的高難度特技動作。每一個項目表演完成後，牠們會從訓練員手裡得到一條魚做爲獎賞。

表演場裡，牠們是那樣溫馴、逗趣，而且平易近人。

但是，當我在海上與牠們幾番接觸後，我深深覺得，牠們在水池裡是戴著面具表演、是被迫扮演著不是自己的另一種角色，像歡場女子的笑靨往往只浮露在濃妝艷抹的表皮上。短暫表演過後，牠們就得在有限的空間裡徘徊躑躅。奶油鼻子似乎也懂得，那是不得不的生活。

4

在海上，牠們是如此的不同！

牠們野性十足、機伶敏感，而且不會讓船隻稍稍靠近。我們經常尾隨一群奶油鼻子，即使經過了兩個小時，牠們仍然和剛發現時一個模樣，只要船隻稍微靠緊，牠們便下潛不見蹤影，三、五分鐘過後，牠們又浮出在一段距離外。

氣就氣在那段不短不長的距離，彷彿牠

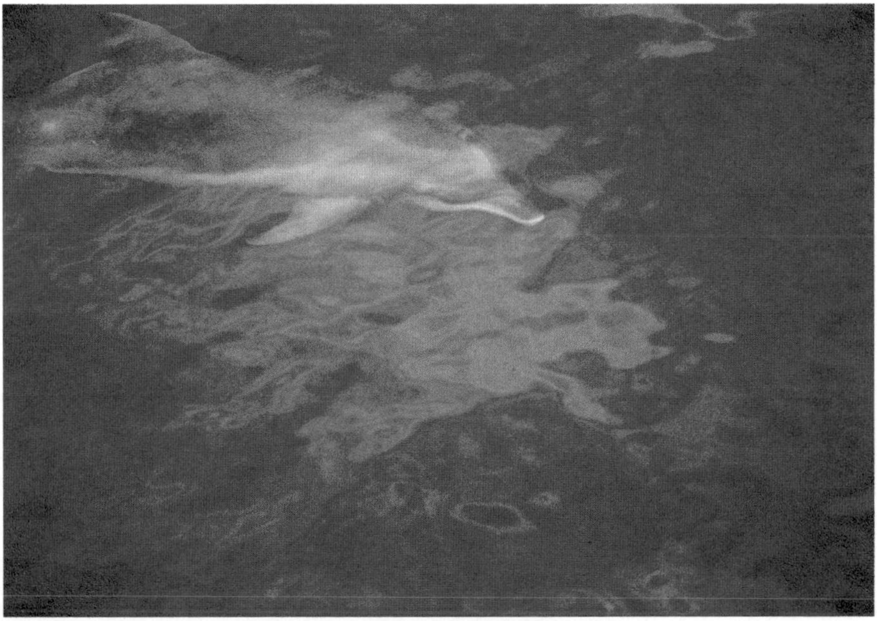

們在表演時用來取悅觀眾的聰黠全用來在海上戲耍船隻，那是教人放棄可惜、想攀又攀不著的迷離距離。

就這樣，我們經常一陣追、一陣等，我們必須極有耐心的等待；而牠們似乎更有耐性。

牠們始終這樣不厭其煩地反覆逗弄船隻，船長常常被惹出火氣而破口大罵：「裝肖欸、變猴戲……」。那眞是賊頭賊腦的一群「搞怪」海豚。我常常覺得牠們在一段距離外觀察我們、嘲笑我們，遠遠把玩、考驗著我們的修養和耐性。

倒是研究生們很興奮，他們說：「從來沒看過野生的。」我原本以爲奶油鼻子是一種最通俗、最容易見到及親近的海豚。

5

「尋鯨計畫」期中發表會前幾天，我們整理一個月來所拍得的照片，這期間所發現的六種鯨豚，大約都拍到了近身特寫照片，獨獨所有奶油鼻子的照片，都只是拍到點點小小、賊頭賊腦、滑膩黏溜的遠景照片。

啊，誰說牠們平易近人？誰說牠們溫馴可愛？比較起來，其他種海豚也許一開始接觸時，也和奶油鼻子一樣採取和船隻隔開一段距離的策略，但通常在船隻尾隨一段時間後，或者在我們吹口哨、拍掌鼓噪用聲音傳達我們的善意之後，牠們在確認船隻沒有惡意下，通常就會改變行爲態度，而和船隻有了和善的對應。只有奶油鼻子！只有奶油鼻子不慌不忙，從頭到尾保持一貫的戒愼或者說一貫的耍弄態度。

我們曾經跟蹤一群奶油鼻子起碼超過了

一個小時，各種可能表達善意的方法我們都試過了，口哨吹了又吹、響了又響，牠們理都不理，仍然那一副陰沉樣子，只把嘴尖、額隆少許露出在遠遠海面。

船長吹響一陣沙啞的口哨後喘著氣說：

「無法度咧，再吹下去強要斷氣了。」

研究生說，野生的瓶鼻海豚很兇，很少人敢下水和牠們同游。

6

過去討海時，有一次收完延繩釣回航途中，看到十數隻遠遠游在船頭。一陣子後，不見了，以爲牠們是離開了。

沒料到，就在船舷邊，一陣嘩啦水聲突起，那是駭人的近距離聲響，猛一回頭，是一隻牛一樣胖碩的巨獸，幾乎撞觸到船欄，躍起在舷牆邊。

牠身上有些刮痕，像個歷盡滄桑的沙場武士，牠瞪看著我，兇狠、狡黠，十分展現牠突襲、挑釁的氣勢。

7

有一次搭飛機上台北，在松山機場下機後走向出口，走道屋簷外十數架龐大客機頂著鼻尖朝向簷內，隆隆響著引擎音爆，彷彿壓藏著的無限動力隨時就要爆發，就要脫韁衝出。我突然興起一股似曾相識的知覺。

走著、走著，一直走到出口閘門外才想起來，這些飛機像極了一群野生的奶油鼻子。

8

奶油鼻子應該個性火爆、孤僻，牠們很少像其他種海豚那樣集結成大群體，牠們總

是十來隻一群，像是極富侵略、破壞的小游擊隊，也像是血氣方剛的青少年狂飆族，牠們四處襲擾，四處拈惹生事。

資料上說，牠們經常侵犯別種海豚，而有許多雜交種的記錄。

計畫末期，秋風漸起陣陣拂颳海面，陽光燦麗熟黃，空氣中隱約一股孕育熟成的氣息。

那一天，我們在石梯港外海遇見一群花紋海豚，那是至少有兩百隻以上的大群體。這群花紋海豚和過去遇見的不同，牠們分離成七、八隻一組，幾乎放眼可見的所有海域全是牠們的小組群體。

小群體裡總有一、兩隻翻腹仰游，其餘五、六隻猴急地在四周湧動，牠們大力拍尾，激起片片水花。牠們應該是在交尾，牠們在逞勇、示威，以博得交尾的機會。

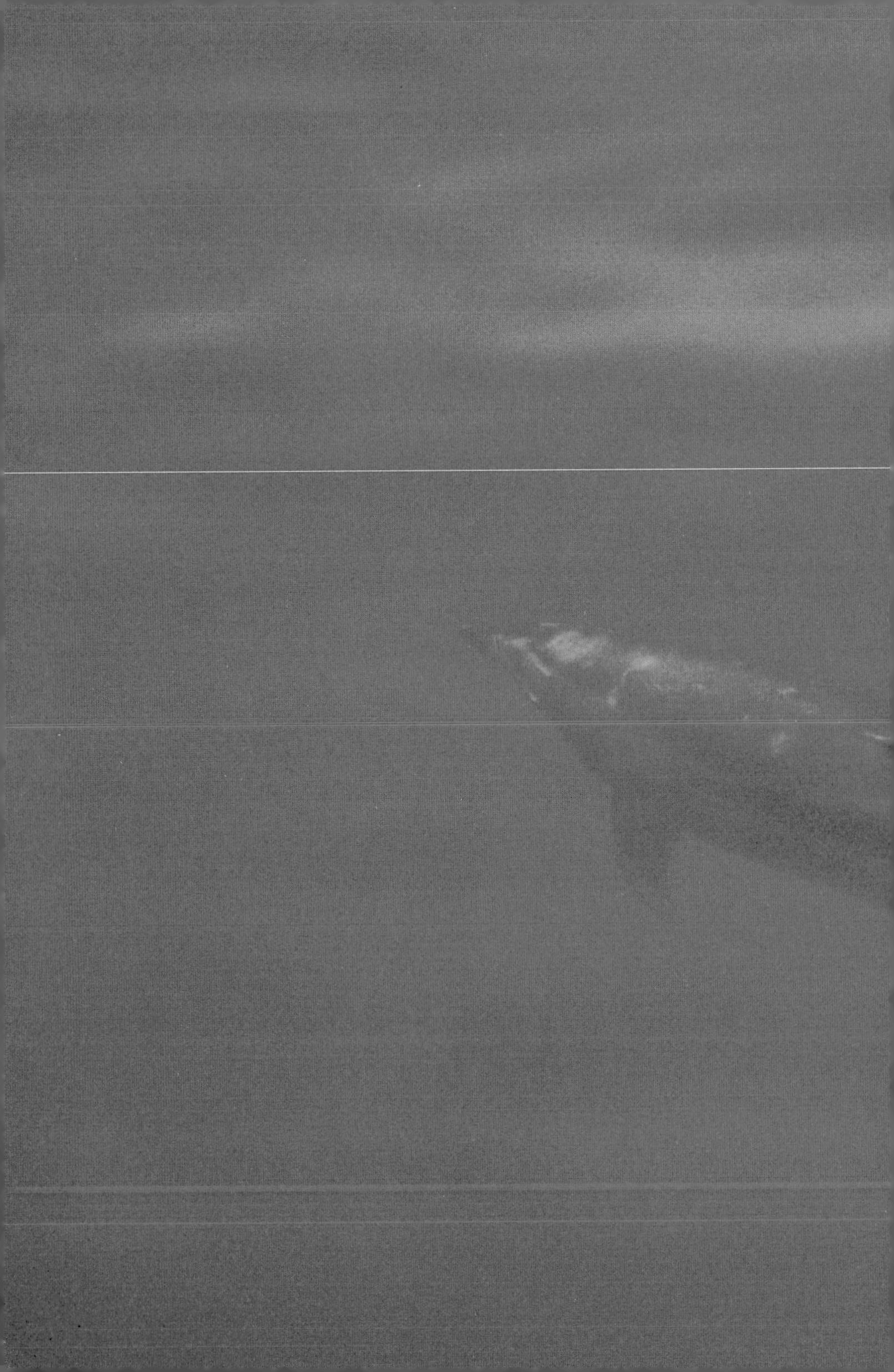

這頭一片熱情水花，一段距離外，又見一圈激情浪漫。整個海域全籠罩在一片纏綿融溶的氣息裡。

應該不干奶油鼻子的事，這是花紋海豚的交配盛會，但是，兩、三隻奶油鼻子一組，匆匆忙忙，牠們在激情的各個圈圈間忙碌穿梭，像是百花盛開季節在花朵間穿刺忙著採花蜜的蜂蝶。

牠們是採花賊，色瞇瞇模樣，這頭碰一下，那頭沾一下，彷彿終於逮到機會的毛躁小伙子，強要在別人的歡愛場合裡沾點甜頭。

我好像看到牠們狎邪的表情，那樣粗魯、急躁地到處拈花惹草。

9

計畫結束前，終於遇上了一群約五十隻左右的奶油鼻子，群體中有許多母子對，我知道這是一次近距離接觸牠們的大好機會。船隻緊緊跟住牠們，緩緩旁行。我站在船尖鏢台上。

先是一陣高頻尖銳的哨聲綿綿刺在耳膜上，像是耳鳴，嗶嗶剝剝，像是大鐵鍋裡翻炒著砂礫，又像是刀鋒刮在凹凸不平的玻璃上，那聲音讓人有點暈眩。

看到了！是兩隻壯碩的奶油鼻子擦過船尖，在鏢台下躍出水面。這是兩個月計畫中奶油鼻子第一次主動靠近船隻。兩隻躍起後，輕巧地拍落水花，不知牠們是如何辦到的，拍落水面的剎那旋即翻身朝牠切入的方向飛快離去。

又一陣耳鳴爆響，另兩隻刺切進入船尖下，牠們翻身轉向極快，一下船左、一下船右，在船尖前彎繞蛇行。我在鏢台上左探、

右探，眼光抓緊騎在牠的背上，但常常被牠騰翻甩落，如何也跟不上牠。

我很想高聲大喊：「看嘛——牠只是野一點，並不那麼壞。」

看嘛，看嘛！最多時，我數到五隻，牠們也願意和船隻親近。

像五條紅色絲巾在水面下御風飄搖。牠們在鏢台下立體疊游，匯聚成尖錐型的群體，替船尖穿刺水流。我覺得是五匹駿馬在船頭拉車開路，縱然手上沒有韁繩，我也可以感受到臨風奔騰的快感。

嘈嘈嚷嚷的聲音一直貼響在耳膜，不曉得牠們在說些什麼？有一隻翻身浮上水面，身體左右搖擺翻轉，一下左眼看我，一下換成右眼看我。彼此在飛快的速度上默默對看。

牠的眼神裡沒有挑釁、沒有侵略、沒有狡狎粗暴，我看到的是笑容，是頑皮眞摯的笑容。

我感覺到內臟都在融化，牠的眼神、笑容全像一泓清水流入胸腔，我好想放下相機高聲狂嘯——這才是我心目中眞眞實實的奶油鼻子。

10

沒有僞裝和面具，牠們隨意離去。遠遠地，那隻和我在船前心神交融的奶油鼻子，用驚人的爆發力跳出驚人的高度，連續三次，像是在跟我說：「再見了！我的！朋友！」

弗氏海豚，通常大群體出現；
牠們整群驚惶躍水，
彷彿要拔起所有的海水，
老遠就能看到牠們打起的大片水花。

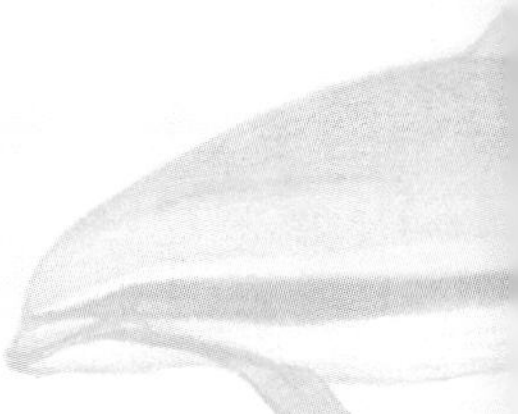

迷途羔羊

——弗氏海豚

兩個月「尋鯨計畫」，一共見到五次弗氏海豚。牠們總是以數百隻組成的大群體出現，個體間集結緊密、挨蹭依偎，像一群無助的羔羊；牠們行色驚惶，常常四下衝刺、竄游，如迷失方向的一群羔羊。

弗氏海豚很年輕，大約一百多年前的一八九五年，才在馬來西亞海濱首次被發現頭骨遺骸，經專家認定爲新種海豚。直到一九七一年才有牠們擱淺及被捕的記錄。之後，直到今天牠們在海上被目擊的記錄僅僅百餘次，生態資料極爲貧乏。

我們何其幸運，短短兩個月計畫中就遇見了牠們五次。像是爲了譜寫新記錄，牠們在台灣東部海域頻繁出現。

1

第一次發現牠們是偶然巧遇。計畫開始沒幾天，是個酷熱的艷陽天，船隻跟隨一群花紋海豚，竟然意外的被帶領撞進一群約四百隻的弗氏海豚群體裡。

那是壯觀的一次接觸，牠們整群躍起，個體間幾乎是到了彼此肌膚摩擦的地步，像是爲了成就海上的一湍激流，或是一注瀑布水花，牠們游速快捷，那是含藏著無限動力的一團爆炸水花。

實在是太多、太密、太快，每一次牠們群體躍起，我都會禁不住一陣哆嗦。我總會聯想到一群湧動、蠢動的昆蟲，或是一群受到驚嚇突然躍動的羊群。牠們體型粗壯，短吻，大多數從吻端到肛門有一條黑色橫帶，使牠們看起來像是戴著一條黑色眼罩的宵小。

出水角度又是那樣怪異，和一般海豚不同，牠們大約四十五度角舉頭刺破水面，像

是從深深的水底浮衝上來。衝破水面後，劈劈叭叭，連接著，牠們不允許壯觀的水花片刻中斷。

破水跳躍的瞬間，我總要提住一口氣，喘不過來，事實上也沒有絲毫間隙讓人喘氣。那樣急躁、驚慌，甚至是歇斯底里。

按快門的手，也迅即被牠們感染了倉皇，被牠們躍水的節奏牽拉著胡按亂按，那眞是一片混亂場面。三十六張一捲的底片顯然不夠牠們揮灑；視窗有限的框框，如何也框不下牠們的激情。

像是易燃的火藥，一經點火引爆，只允許短促的燦爛閃熾。一陣煙火水花過後，牠們驟然集體下潛，從海面上消聲匿跡。那是很難調適的情境，一道湍急溪流硬是被一刀攔斷，海面瞬間恢復寬敞平靜——彷彿什麼事情也沒發生，徒留一陣悵惘茫然。

明明前一秒鐘還激情熱烈，這一秒鐘卻雲煙散盡，寂寥如一片死水。我會怨恨自己，沒有牢牢抓住那剎那間的火花，怔忡間已然失去了一切。如從高空跌落的心情，儘管兩手揮舞攀抓，終究無法再抓緊什麼。

左舷海面，一段距離外，又一陣爆炸水花突起。心情再從谷底飛向峰頂，兩腳來不及站穩，雙手還沒抓住什麼，一陣劈叭混亂，又再度陷在跌落的虛惘裡。那是浪頂波谷大弧甩盪的折磨，是瞬息萬變湧動不止的大海眞實面貌。

艷陽下，牠們背上泛著油亮的古銅色光澤，腹底現出粉紅顏色，那是一種很難從腦海裡掙脫的曖昧色調。和牠身材極不搭調的小三角背鰭，像是摺紙小船中央唐突的矮帆，小胸鰭、小尾鰭，纖細得讓人感覺經不起小小風浪，不知牠們是如何使用這些小道

具來成就牠們顚顫的跳躍頻率。拍攝牠們是高難度技巧，我覺得相機必須跟著牠們驟起驟落，胡按亂按，等牠們自己跳進底片裡。

花紋海豚像是多事的媒婆，始終緊緊盯住弗氏海豚不放，那是相當詭異的情景，我們浮在空氣裡；花紋海豚游在水面上；弗氏海豚隱沒在水面下，船隻只要追隨花紋海豚，就能等待弗氏海豚再一次出來水面敲鑼打鼓。

2

第二次看到弗氏海豚，只能遠遠看牠，那是精神錯亂的一群，像是被追殺，或是欠債跑路似的，顧自倉皇拚命地往外海奔竄。船隻開了全速想追過去。一陣水花間隔，又一陣泡沫疏離……間距越追越遠……最後，牠們遠去如海天之際的一陣白煙。

3

再一次看到牠是在岸上，一隻牙齒還沒長出來的小弗氏海豚，迷路闖入港裡，死在港裡。小海豚的頭顱被切下來擺在塑膠盆子裡，眼睛緊緊閉著。我撫摸牠冰涼光滑的皮膚，聞到一股乳腥味。很想問牠：「媽媽在哪裡？」想問牠：「爲什麼迷路跑到港灣裡？」

4

遇見虎鯨那次，船隻正和六隻虎鯨熱情接觸，突然，虎鯨高速泳去。我們尾隨虎鯨過去，但是距離越拉越遠。那時，已近黃昏，夕陽潛入山頭，海上浮起一片瀘黃光靄，就在虎鯨趕去的方向，大約距離船頭一百多公尺，大片水花湧滾。

那至少有五百隻以上的弗氏海豚，躍出

水面倉皇逃命。那一刻，牠們是在逃命，像一群黃昏羔羊遇上了惡夜豺狼。

5

八月底，夏末秋起，陽光裡多了微風。近午，船隻從外海切回岸緣，在石梯港港嘴北側，我們看到大片水花蠢動。這時，我們已經累積了兩個月的觀察經驗，遠遠一段距離外，就憑這些水花特徵，船上每個工作夥伴都能立即判斷，是那群緊張兮兮的迷途羔羊——弗氏海豚。

船隻更接近些，幾隻鐮刀狀大背鰭出現在弗氏海豚群體四周，彷彿歷史重演，這是弗氏海豚和花紋海豚混成的大群體。我們也發現幾隻瓶鼻海豚在其中湊熱鬧。船隻靠近，花紋海豚不理不睬仍然慣常地泳動前進；弗氏海豚則顯得慌亂急躁了。

牠們鐵定不喜歡船隻靠近，不像一般海豚，多少總會主動游近船邊。

當船隻經過牠們，牠們淅瀝嘩啦像一條激流閃躲；像林立的保齡球瓶被撞翻成七零八落。

龐大的群體如秋風落葉散成小群，像一群頓失龍頭的散兵，毫無主見地分頭鼠竄。

我感到不安，船隻的靠近顯然侵擾了牠們，但我們只是如靠近其他種海豚般靠近而已，是我們不當介入？還是牠們過度反應？

牠們叫聲尖細、清晰，一點也不像是牠們粗壯的身體發出的聲音。一般海豚的眼睛很難看到，得在牠們刻意翻身近距離和你對望時，才能有機會看入牠的眼神。鯨豚的眼神神祕、深奧，我曾經從牠們的眼裡看到了粗野、仇惡或真摯和善的笑……那眼神往往能深入胸腔搜索靈魂。然而，弗氏海豚的眼睛非常容易看到，只要牠們跳出水面，就像每一個玩具布偶總是少不了圓睜睜的眼睛。我了解，我所看到的只是牠們的一個符號標記，那並不是牠們真正的眼睛。

眼神的交融必須在安靜的感覺下互動。對於弗氏海豚，我始終無法感受牠的眼神，牠們太倉促、太慌亂，連那剎那的安靜也捨不得給予。

牠們分裂出的每一個小群體，隨時都在變化隊形，都在改變前進方向；時而匯合成一大群，時而再度分裂散去。即使遠遠一段距離外，牠們也是如此反覆操演著不安。牠們像一圈大漩渦，盲目地在一定的範圍內盤轉。

花紋海豚散在牠們四周，像是衛兵、管理員，可能更貼切的形容是牧者，在花紋海豚圈住的範圍裡，弗氏海豚在裡頭驚躍、衝

撞、盤轉。那分明是一群驚慌無措的迷途羔羊。

扮演牧者角色的花紋海豚，引領這群羔羊的方向、控制牠們的活動範圍、約制牠們的不安情緒。

在這樣的關係裡，船隻特別顯得多餘。

6

兩個月計畫中，也唯有面對這群迷途羔羊時，我會強烈感覺到，船隻是一個介入者。

我不曉得把弗氏海豚形容爲「迷途羔羊」是否恰當，從有限的資料上得知，弗氏海豚是深潛型海豚，牠們潛水深度深達五百公尺。

海水裡，或許牠們擁有堅強的意識，及堅定的方向。海面畢竟只是一個表象空間，我們能夠理解的範圍及深度的確相當有限。

海上茫茫，何況海面下的無底深邃，忽然間，我覺得迷惘。

也許，在牠們眼裡，我們才是迷途的羔羊。

飛旋海豚是躍水專家，
遠遠就能紛紛攘攘擾出大片水花白沫。
在那基礎浪濤上隱約高架著一道五線譜，
牠們躍水的身影恍若音符種子，
在樂譜上扭蠕湍流出急切的歌聲。

飛旋的心

——飛旋海豚

不曉得爲了什麼？牠們不只像一般海豚飛跳在空中，還凌空作各種各樣的彎扭旋轉。從破水彈起到摔落水面，這短短幾秒鐘內，牠們巧妙地衝破了時間的框格有限；牠們掌握、玩弄著時間；就這起落兩盞水花間——那一刹那，飛旋海豚已然置身在牠們的大千世界裡。

我曾經碰到過一群飛旋海豚圍在船邊，牠們簡直是一群特技演員，頑皮、活潑，是那樣積極地意圖展現海洋的無窮活力。海面是牠們的競技場，海面有多寬，牠們就有多少跳水的花采本事。

一隻率先破水衝出，將自己高高拋向空中，扭擺身軀，像是爲了表現多貌的水波款動；像要鑽探空氣中的礦藏，身體尖嘴如梭旋轉飛揚。

另幾隻不甘示弱緊隨著點躍跳出，三圈

半不夠……四圈、五圈……狂飆氣氛感染了整個群體，紛紛躍起，六圈、七圈，也有索性不再飛旋，像一根木棍拋擲而去，全身在空中接續幾個觔斗翻騰。牠們全都瘋了一樣。

牠們的身長、體重和人體相當，在遼闊海上真是嬌小的一群；嘴喙修長、體態輕盈，我總是覺得牠們像一群海面上的飛鳥。牠們很容易辨認，遠遠就能紛紛攘攘擾出大片水花白沫，在那基礎浪濤上隱約高架著一道五線譜，牠們躍水的身影恍若音符種子，在樂譜上扭蠕湍流出急切的歌聲。

我曾經試圖計數牠們的跳水姿態，牠們像一個個驚嘆號，盤旋在三度空間那樣的隨興恣意，就像我絕對無法計數秋風落葉的飄零姿態，也永遠無法翔實描述雲煙飄渺的圖像，牠們毫無章法、不受拘束，而且自由自

在。最後都放棄了，我只能感慨而且假裝內行的口吻說：「恩……一百零八種？」

花蓮海域時常看得到牠們，甚至離岸僅半海哩就能發現牠們的跳躍水花。沿岸這些飛旋海豚大都是二、三十隻組合的小群體，牠們敏感、矯捷，船隻很難靠近。也許這是靠近人類生活領域的動物所共有的特質。

有一次天亮後不久，船隻出了港嘴就碰上了一群。牠們兩、三隻一組串連成一排約五十公尺長度的隊伍。這時候，牠們不像是飛旋海豚，沒有跳、沒有翻，只稍稍浮露水面換氣即匆匆下潛。也不曉得是誰在下達命令，整個隊伍極富默契地韻律一致、動作一致，隊伍前哨舉尾準備下潛，殿後那一組也已舉尾露出，隨即，整群下壓、消失在海面上，彷彿一條無形的繩索串連著牠們。

一段時日後，我們都學得了一些經驗，

大家一致認爲，二、三十隻一群的飛旋，最野、最難接近。飛旋身上有三層顏色，黑背、側灰、白肚，漁民通常叫牠「白肚仔」。船長只要遠遠看到一小群，就會說：

「啊，白肚仔啦，嘜要駛過去？」

賀伯颱風過後的第二天，我們冒著大浪出航，海上濁浪未定，水色混濁，船隻一路過來都沒發現海豚的蹤跡，也許，海豚並不喜歡混含泥沙的濁水，在颱風時都逃往外海避難。那一趟，我們意外地在花蓮北境的大濁水溪口碰到一群飛旋海豚。

在混稠的濁水裡，牠們的行爲並不尋常，動作似乎較爲遲緩，感覺像是呼吸困難，牠們不時把修長的嘴尖舉露在水面，像是用一根吸管吮吸水面上的空氣。

資料上說，在東太平洋飛旋海豚時常和鮪魚成群游在一起。牠們和鮪魚游速相當、

身材相仿，可能是覓食及警戒的互補共生關係而同游。可惜這美好的搭檔關係卻因人類的介入而驟生變化。當地的捕鮪船是以飛旋海豚在水面上的飛躍水花來偵知水面下的鮪魚群，當漁船撒網捕抓鮪魚時，飛旋海豚也一起被大量捕抓。牠們的共生關係，因爲捕鮪船而蛻變成共亡關係。

兩個月計畫中，曾經有過一次和牠們印象深刻的接觸。那天中午時分，在清水斷崖海域遠遠看到一群約二十幾隻淺淺浮露海面。船長說：「白肚仔啦，嘜要駛過去看看？」

船隻慢慢接近，牠們開始迅捷地游動，游向不定，似在猶豫盤算如何來應付這艘入侵的船隻。

在一次大弧躍起後，牠們整體埋入水裡。果然，二、三十隻一群的最難搞定。牠

們浮出換氣在船隻東側約五十公尺距離；船隻趨近；牠們再沉沒、又浮起……像是刻意要纏住船隻，牠們東、南、西、北帶著我們在一定範圍內打轉。船尖一下朝山、一下望海……這分明是故意讓我們昏頭轉向。

盤轉追逐中，船隻眼尖發現了北側另一群飛旋，也是二、三十隻，但這一群活潑多了，屢屢躍出水面展現跳水專家似的飛旋本色。當然，我們馬上放掉第一群的牽絆，興匆匆地趕赴較熱鬧的第二群約會。

第二群似乎也藏著心機，一陣沉、一陣浮，保持距離，直直將我們往西帶近岸緣。岸壁森森，不曉得牠們打的是什麼算盤？

第一群似乎也被感染了些動力，像午睡乍醒，遠遠翻跳著也游近崖下。

當時，我稍稍感到不安，不經意地回頭一看，啊！是第三群登台上演了，遠遠外海上噴打著一圈水花。那至少是四百隻以上的大群飛旋！

船隻像喜新厭舊的蜂蝶，採完了第一朵、第二朵的花蕊後，飛快的往第三朵鮮花奔去。

船隻急躁接近，第三群的躍水個體已然清晰可見，有大、有小，是母子群。

引擎拉緊，船舷左右夾挾各自傳來水聲。那很難理解的事發生了——原本敏感、機靈，說什麼也不讓船隻靠近而且極富心機的第一、二群飛旋，分別在船尾左右匆匆跟上來了。

我是有點得意，輕輕哼唱起一首歌：

「……思念總在分手後——開始……」。

不對！不對！牠們迅速追趕旁過船隻，同樣往第三群衝去，牠們並不是因爲船隻的掉頭離去而「思念」船隻。

到底爲了什麼？牠們那樣猴急；牠們整隻躍出，沒有旋轉，一起一落間足足有四、五公尺步伐。這一刻，我看到了牠們全速前進的模樣。

難道這第一、二群都是雄性群體，而第三群是雌性群體，異性吸引的動機或許能解釋這兩群的魯莽衝刺。牠們甚至不再畏怯船隻，主動近距離切過船舷。

但是，當我回想起這兩群是如何故意的纏住船隻，故意的將船隻帶引離開第三群，我心頭震顫了一下，難道牠們都是同一群，第一、二群不過是第三主群的外圍哨兵群，牠們用糾纏、拖離的策略疏遠船隻和主群中心接觸的機會。若不是我們眼尖，可能就會被耍弄中計還不自知。

當牠們調虎離山的策略被識破後，這兩群哨兵急急迴身，衝過船隻趕回去護衛主群

中心……想到這裡，我不知該讚嘆、該慚愧，或者該掉頭離開。

船隻已經迫近到主群體邊緣，啊——那是不可勝數的大群飛旋，那兩群哨兵已經融進大群體中失去蹤影。也許，牠們正是圍在船隻四周的這些個體，牠們是在警戒或者是抵抗已經無從分辨。

漸漸的，牠們有些靠過來船尾，用滑浪的姿態玩耍船尾拖出的浪痕；可能牠們已經檢證船隻並無敵意；有些領在船前，在船尖下款擺游動。

那被接受而又能和大群飛旋融溶成一體的感覺，讓船上每個人都忍不住歡呼尖叫，像飛旋那樣的任性奔放。

船頭那幾隻時時潛在水裡吐氣，一串串透明晶瑩的珍珠簾子搖擺著從水裡列隊上來；牠們的呼氣聲、躍水聲和哨叫聲全都近在耳邊……

這一切，都在極高速、極痛快的情境下飛躍旋轉……我們不僅沉浸在這首海洋的大樂章裡，我們也化成音符，在牠們構造的五線譜上旋轉。

我們的心早已跟隨這群飛旋海豚，飛旋。

像是為了顛覆掉原來的體色，
熱帶斑海豚越年長身上的斑點就越多。

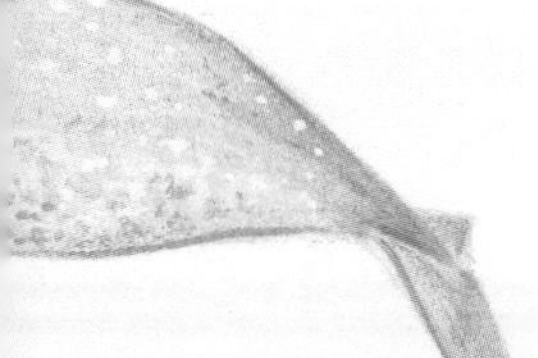

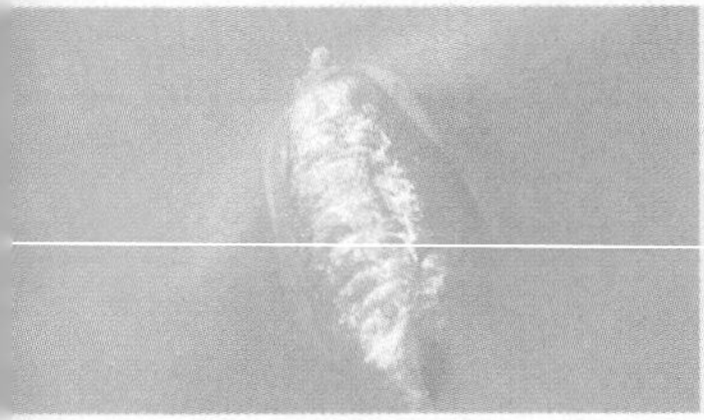

斑斑點點

——熱帶斑海豚

1

兩個月計畫全在炎陽夏日海上，那是個連職業漁船也懶得下海的避暑季節。工作船設備簡陋，船上連個遮陽的地方都很難找。初初幾個航次，只管盡情搜索海上鯨豚蹤影不顧艷陽曝曬，才幾天時間，大家都曬翻了一層皮。褐棕色皮膚漸漸起皺，而後竟然像魚鱗般片片剝落，白皙的新皮斑斑點點和褐棕底色形成對比，我們常互相取笑說：「看吶，一隻熱帶斑海豚！」

2

熱帶斑海豚，牠們童年時身上並無斑點，黑色紋彩從嘴尖、頭頂迤邐到腹側面後上揚，在背鰭後收束。像是從頭頂套穿著一件黑色短背心，而裸露其他的灰白腹身。嘴喙頂端像是背心破了個洞，露出一個白點。

當牠們一群近距離在船邊游動時，那件背心在深色海水裡讓牠們隱去身影，就嘴尖那個白點在水下游移，像一盞燭光在水面下搖曳閃動。這情景往往讓我想起宗教儀式，或是燭光晚會所散溢的溫馨氣息。

3

後來，船長找來四根細竹竿繫綁在塔台四角，上頭撐起一張黑紗網當做遮陽篷。有個朋友看到我們船隻這款怪模樣笑著說，好像《倩女幽魂》裡男主角揹的那個架子。艷陽亮點依然射穿黑網網孔點染在我們臉上、身上，我想，只要我們繼續待在海上，我們將會越來越像一群熱帶斑海豚。

4

熱帶斑海豚成長到青少年時，灰白腹部

就會花開般長出黑色斑點；再長大一些，黑色背上將會長出灰白斑點；老一點的斑海豚，雙重顏色的斑點將分別溶解、擴散，像是爲了要顚覆掉牠原來的兩種體色而變得一身斑斑蒼蒼。

有人喜歡舊衣、有人喜歡骨董、有人喜歡歷練折磨後的人生，這生命過程的斑斑點點全都在斑海豚身上一一呈現。

牠們身上的麻花斑點，漁民通常叫牠「花鹿仔」；而我則想到供桌上常見的供品——「麻烙仔」；牠們是如此斑斑點點而且甜甜膩膩。

5

七月三日下午一點，我們在七星潭海灣碰上一群斑海豚。船隻接近後，牠們天女散花似的散成數個小群各自往不同方向游去，

像是一個分散入侵者注意的戰略。船隻猶豫躊躇，一時間不知該往哪個方向行駛。

恍惚間，船長突然高喊：「頭前，頭前！衝過來了！」

像是前鋒武士的姿態，兩條大的身影頂著燭光往船頭急速衝撞過來。

面對偌大的船隻，牠們並不膽怯，用唐吉訶德衝撞風車式的英勇要來挑戰船隻。

幾乎就要撞到船尖了，牠們倒栽蔥似的翻身直立下潛……容不下我們喘一口氣……又兩隻並肩筆直衝撞過來。像謀略沉著的戰鬥機群，一個梯次、一個梯次，綿綿密密毫不鬆手地抵抗入侵者。

那是不可侵犯的神聖氣勢，如箭雨紛飛點點刺落心頭，如置身空戰現場，我本能的將手指按緊相機快門，扣板機般，我忙著「擊落」飛身來襲的敵機。

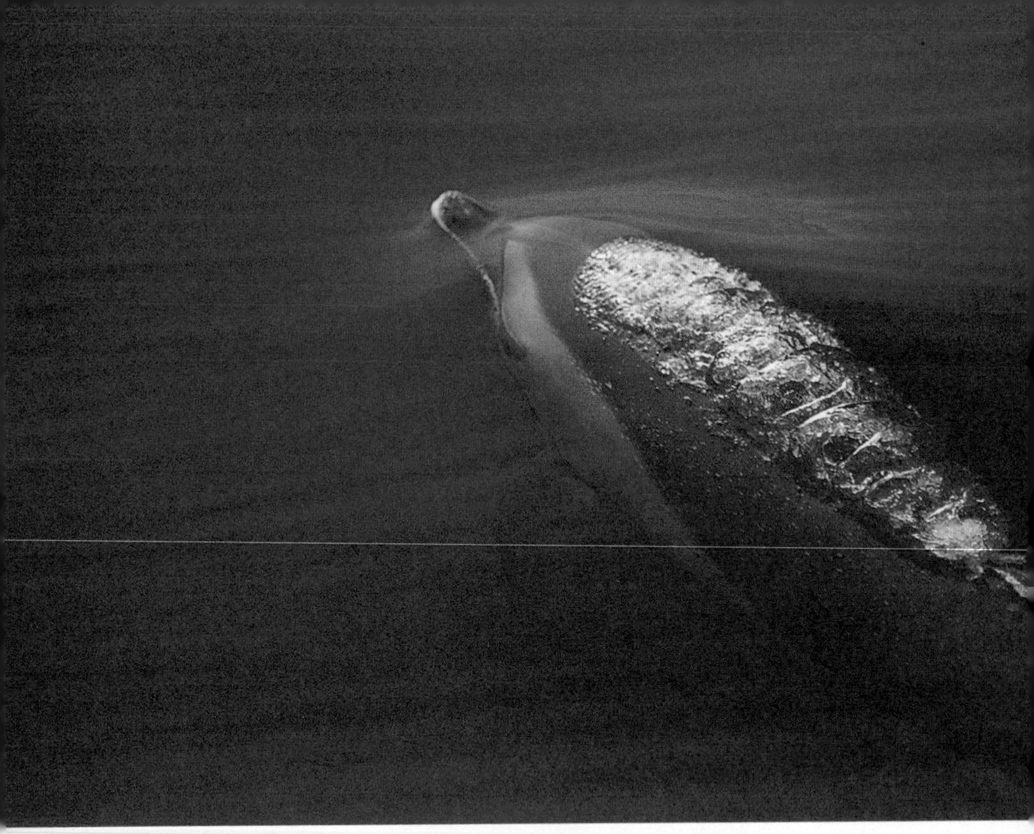

那場接觸歷時四十分鐘結束。艷陽曬得臉上熱烘烘的，心裡頭也暖煦煦的。

這群又熾又熱的熱帶斑海豚。

6

七月十六日上午十點，船隻在水璉鼻外海遇見一群「麻烙仔」，牠們整群在船隻左舷外約三十公尺距離，與船隻平行前進。大約三分鐘後，似乎是按捺不住，有兩隻旋身突轉，朝船尖衝了過來。

可能是試探而已，兩隻在船前繞個大彎又回到大隊群體裡。

牠們像技癢的舞者就要跳進舞場裡來了，船長老練的將船隻維持穩定的速度與方向。牠們的試探動作持續了好幾回。像是終於抓到了船隻的節奏和韻律，有兩隻交錯著游到船前飆船（Bow-Riding）。

另兩隻偏離主群，用躍躍欲試的姿勢游在牠們群體和船隻中間，似在等候恰當時機跳進這飆船的行列。那眞像是一群小朋友們在玩跳繩的遊戲，幾個已經一下下跳在揮擺的繩圈裡，幾個在一旁作出前衝的姿勢等著，下頷隨著跳繩律動點著、圈著，他們在等著抓住跳繩的頻率就要衝進揮擺的繩圈裡；等著、等著，群體中又游出兩隻加入等候的位置，隨後，四隻一起衝進和船隻同頻共振的飆船行列裡。

我們三個人在鏢台上，牠們一群就在腳下蛇擺飆船。水底燭光熠熠晶亮，恍若夜幕天空裡蜿蜒交錯的幾隻螢火蟲。那一刻，我們著迷了，眼睛不由自主地離開相機視窗，準備按快門的手也都鬆懈下垂。

引擎敲打著鏗鏘沉穩的節奏，陽光反射在水面上點點閃閃；牠們身上的斑斑點點，我們心情波波漾漾，這所有律動相彌相合而緊緊貼黏在一起。那像是生生世世尋尋覓覓終於找到了知音、找到了知己的感觸；那因緣和合的情境是如此甜甜膩膩。

也許，就因爲牠們如此熱情飆船，牠們被漁船刺殺的機會很大。曾經聽一位漁民提起：「『花鹿仔』最憨，自己送到門口。」牠們曾經是數量最豐富的海豚之一，但是自一九七〇年捕鮪網盛行至今，牠們大量被捕致死，據專家估計牠們的數量已經急遽減少了百分之六十五。

看牠們在船前不設心防的飆船，想到牠們的處境，心裡一陣緊扯，很想驅趕牠們離開，又想緊緊把握此刻的每一刹那。和牠們這樣的接觸機會，可能已經如讀秒般的可貴。

根據調查資料，在船前飆船被刺殺的大

都是身上斑點較少的年輕小伙子。身上斑斑蒼蒼的老斑海豚可能都已學到教訓——不再冒險靠近人類。

7

八月十二日中午，因爲颱風滯留，海面鼓聳著一波波長浪，我們在豐濱溪口再次碰見一群斑海豚。那是一營行軍隊伍，二、三十隻一群，每群間隔大約一百公尺，大舉朝東南邁進。

船隻幾次試圖接近，牠們偏閃躲避，像是背負著不得靠近船隻的如山軍令。船隻只要稍稍靠近，牠們小群裡的一隻就用尾鰭在水面打出棉絮水花，好像在警告我們：「別再過來了！」

只好，我們停在一旁。船隻像個閱兵台，我們看著行軍隊伍匆匆通過。

一波大浪舉起，峰頂白雪水花滾落，牠們串成一列，整齊畫一地騎在浪花上從波脊斜坡優雅的衝浪滑下，這是騎兵隊伍；幾隻飛躍彈起，在空中屈身躬腰，停滯了好幾秒鐘才悠然落水，那是對我們的行禮致敬；幾番淺躍飛進，一長排同時抬尾挺身，這是雄糾糾的正步隊形；一陣陣水花炸濺，那是禮砲飛揚……

行軍隊伍浩浩蕩蕩持續了將近半個小時。

8

陽光亮麗，牠們在蔚藍海面斑斑點點泛漾水花，炎陽穿透頭頂黑網，船身隨浪湧動，我們身上的陽光斑點，竟然也像星辰位移般滄滄桑桑。

紀錄一條在蘭嶼擱淺的喙鯨——
燈光幽暗，蘭嶼的夜空滿是繁華星辰，
這條喙鯨
從擱淺、掙扎、死亡、腐爛、生蛆……
到現在，
排列在草地上組合成一條成型的鯨骨標本，
這過程是那麼的具有分量、深刻，
而且充滿各種味道。

擱淺

——喙鯨

十人座小飛機從卑南溪口飛離海岸，秋天艷陽從海面上反射出大片燦黃晶亮。蒼海茫茫，我懷疑小飛機將如何尋找這座偏遠離島——蘭嶼著陸。

是著陸了，茫茫大洋中有一條鯨竟然在蘭嶼這個小小島嶼著陸擱淺。

清早的第一班飛機，四名研究生已飛抵蘭嶼。我們剛結束爲期兩個月的海上鯨類調查計畫，也搭上另一班近午的飛機趕來支援。

在作海上調查時，我常訝異於研究生們如何能夠那樣投入而且能夠迅速辨認出海上鯨豚的種類。他們說，處理擱淺事件是很重要的基礎訓練，當你那樣近切地撫觸、或者是解剖一條鯨豚後，在海上看到活生生的牠們時，感受一定會更深刻、更親切，而有所不同。

從傳來的擱淺消息得知，這條擱淺的鯨有五公尺體長；大約在一星期前也就是在中秋節前後擱淺；已經死亡。隔了這麼多天，我想，恐怕已經腐臭了吧。

出了機場，搭乘租來的機車前往擱淺現場——朗島村。

小路崎嶇，緊傍著峻峭的山脈蜿蜒，許多靠海的火山集塊岩受浪沖蝕成猙獰巧變的獨立岩岬；海水清藍透澈，海底岩礁因爲水質透明而清晰浮露在視線裡；山羊、鷺鷥伴著徜徉；雅美老人一路點頭微笑……這是座美麗島嶼。如果鯨豚能夠選擇擱淺地點的話，牠們的選擇是否和島嶼的美麗相關？

鯨豚擱淺的原因，至今沒有定論。學術資料說，可能是牠們的回聲定位器官出了問題，可能是地磁的混淆，也可能是海岸地形

造成了錯綜複雜的湧流……因爲沒有定論，所以想像空間仍然寬廣。同年四月間，一條雄小虎鯨在花蓮石梯港附近擱淺，我們在解剖時談論起擱淺原因，一位漁民朋友直魯魯地說：「是找無某啦！」想想，也不無可能。

這條在蘭嶼擱淺的鯨似乎選對了葬身地點，這裡眞是台灣四周難得一見的美麗島嶼。

過了朗島村站牌不久，就看到了遠遠灘上一串白骨胸椎已經被清理出來。好快的動作。原來鄰村幾個國小老師都過來幫忙。

下午，朗島國小校長說：「這很平常，每年都有幾隻上來；平常上課時，如果學生嘩然大叫，那一定是鯨群近岸游過學校窗戶邊，」校長用得意的語調說：「這裡是寶島！」

擱淺的這條鯨已經腐臭，十幾公尺周圍全瀰漫著腐臭味，外形已殘敗模糊難以辨認。體長五點零八公尺，下頷骨上僅有一對牙齒……從這些資料可辨認是一條喙鯨；研究生說：「可能是一條銀杏齒喙鯨。」

頭骨裂了一邊，胸鰭骨、胸骨、肋骨遺落了一些，根據目擊這起擱淺事件的蘭嶼小朋友說，中秋節就已擱淺，那時還活著，頭部用力撞打礁岩。這期間，又經歷過一場颱風，這條喙鯨現在所處的位置是第二現場。

工作人員像是盡責的警探，詳盡地搜索、記錄命案現場的任何蛛絲馬跡，也像是法醫，穿戴上外科手術橡皮手套，握著解剖刀，在遺體上解析任何可能的線索。

喙鯨雖然死去多時，但牠身上卻是一片生機盎然。不知該如何來形容牠身上湧滾的蛆，不只成千上萬，牠們擁擠、蠢動，在鯨

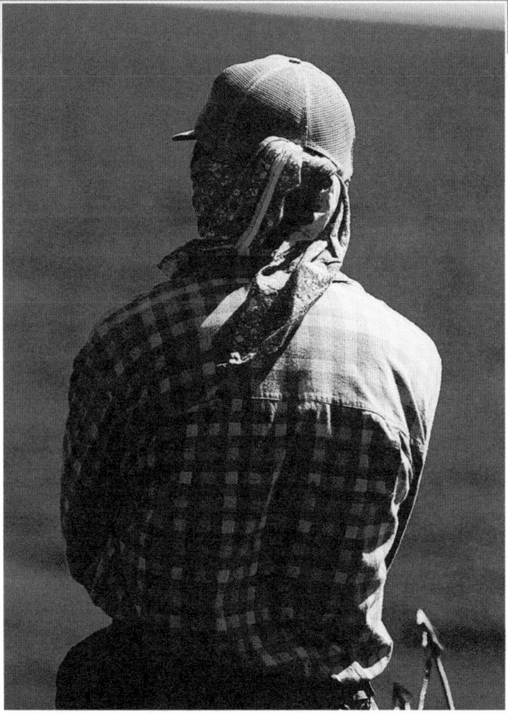

體邊緣牠們被大量擠落，竟然像沙漏、水滴一樣，綿綿不絕的在岩礁上滴落成一堆堆蛆蟲金字塔。

飽滿、肥胖、蠕動、匆忙，牠們沒有一隻在任何一個片刻是靜止不動的，像滾開的水，我彷彿聽到牠們擾攘爭動的窸窣聲。鯨肉、鯨油被蛆蟲分解成一灘黏膩的黑色液體散布在岩架上，鯨體恍若一鍋滾開的黑水，而蛆蟲是黑水裡滾動的白色泡沫。

解剖刀劃下去，不曉得切斷了幾隻蛆蟲。

幾個小朋友好奇走過來，又捏著鼻子走開，他們說：「好噁心！一群噁心的人在做一件噁心的事。」

陽光赤熱薰蒸，微風，這和風麗日都成了腐臭瀰漫的幫手。這鐵定不是尋常人能夠忍受或者願意做的工作，的確是又髒、又臭、又噁心！爲了學術研究的標本取得，爲了更瞭解更關心牠們，這群研究生，在這偏遠離島海岸從事著一件噁心但是美麗的工作。

那絕對不同於海上觀察看到活生生的牠

們那般賞心悅目。今年八月，工作船在石梯港外海遇見了四條喙鯨，雖然和這四條喙鯨僅能遠距離短暫接觸，但牠們的神祕和高貴是那樣活生生地烙印在我們心裡。在這裡，牠腐爛、長蛆、破敗地癱躺在礁岩上。

喙鯨的生態資料極爲缺乏，在學術研究上頗具價值。我想到校長說的話：「這很平常……這裡是寶島！」蘭嶼或是綠島每年都有喙鯨擱淺案例，是台灣寶島的子民仍然和海洋深遠隔絕，是我們不夠關心這些生活在島嶼海域裡的寶藏。

傍晚，頭骨和一大段脊椎大致清理出來，尾柄部分仍有大約一公尺多連著皮肉很難剝離。研究生在鯨尾上劃切幾刀說：「剩下的交給蛆蟲幫忙。」

薄薄橡皮手套在工作時大都鉤破了，手上留著的，是怎麼搓怎麼洗也去不掉的臭味。

既然這裡經常有鯨豚擱淺，海灘上應該撿得到牠們散布的白骨。趁天黑前，我們沿著海岸撿骨頭。灘上滿布尖銳刺棘狀的珊瑚礁岩，其間又有許多潮池、海蝕溝、壺穴等地形，整片海岸是高低不平而且尖銳鋒利。我想，這條喙鯨擱淺當時一定受了很大的折磨。

每個溝穴潮池都有豐富的生物相，色彩繽紛的小魚、小蟹、珊瑚等，甚至還看到海蛇。一樣豐富的是，短短一個小時我們撿到十幾節脊椎骨、一顆頭骨和一些胸骨破片。研究生們判斷，這些都可能是珍貴的喙鯨殘骸。

借宿學校教室。校長說，明天第一堂課安排戶外教學。

第二天，天氣轉陰。一大早，校長果然

帶領全校師生來到擱淺現場。研究生擔任講師，用小朋友語調講解「鯨的一生」。小朋友們圍坐在喙鯨前捏著鼻子聽課。這是個並不舒適的戶外教室，但蘭嶼小朋友們又何其幸運，他們看到過海上躍動的鯨群，也看到了擱淺死亡的喙鯨，從美麗到殘敗，這不僅是鯨的一生，也是大自然所有生物的一生。他們擁有台灣大部分小朋友不曾有過的經驗。

近午，整條鯨骨全部取出。我們在灘頭架起大鐵鍋煮骨頭。有太多骨縫及牢牢貼黏在鯨骨上的筋肉得用燒煮的方法來去除。滾燙的水面冒出一層浮油及大片燙死的蛆蟲。

空氣裡瀰漫的又是另一種氣味。

這一鍋鯨骨湯一熬熬到天黑，然後移師到校舍邊繼續煮。校長、老師及許多小朋友都來參與工作。煮過的骨頭需用小刀剔除碎

肉，再用肥皂水浸泡，最後用刷子刷洗，這是個耗時、煩瑣的工作。雖然腐臭味隨著腐肉的剔除、洗刷而不再那麼難以忍受，但總有一股並不好聞的氣味像是嵌在腦子裡，怎麼也洗刷不掉。

一群人在燈光下一直忙到半夜，終於可以把清理好的骨骸依序排列在操場上。

燈光幽暗，蘭嶼的夜空滿是繁華星辰，這條喙鯨從擱淺、掙扎、死亡、腐爛、生蛆……到現在，排列在草地上組合成一條成型的鯨骨標本，這過程是那麼的具有分量、深刻，而且充滿各種味道。

在這偏遠離島，因爲擱淺事件而串連了校長、老師、小朋友們、研究生和這條喙鯨有了濃稠的牽連關係，回想這段經歷，我彷佛看到了草地上那條喙鯨骨骸在幽暗的燈光下復活重生。

明天一早，我們將飛離蘭嶼。也許，這個喙鯨擱淺事件並不會比任何一件社會新聞更引人注意，但是，我深深覺得，這個過程應該被記錄下來。

……容許我將你比喻為夏天回頭的海涼，
翡翠色的一方手帕帶著白色的花邊，
不繡兵艦繡六條捕魚船……

——節錄自楊牧先生〈帶你回花蓮〉

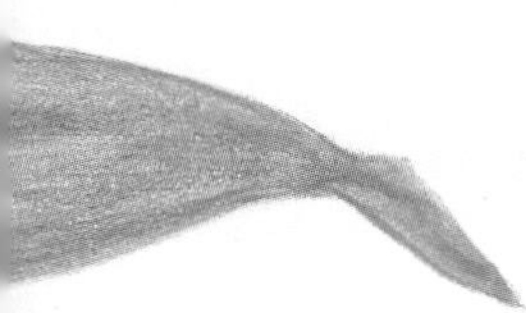

帶你回花蓮

——僞虎鯨

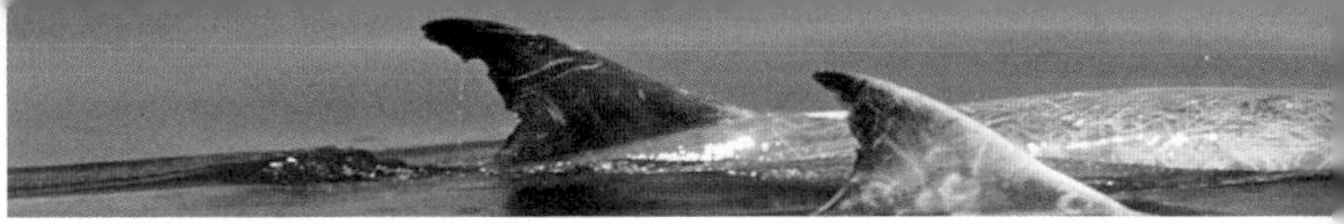

七月十日那天，船隻頂著烈日向南行駛到距花蓮港約兩小時航程的水璉鼻外海。南風習習，海岸山脈麓腳滾起一線白花，水色澄淨，如無遠、無瑕的一塊翡翠。

船長發現內側海域浮動幾根高大的黑色背鰭。一邊迴船接近，一邊嚷著：「不小哦——不小哦——」。

船尖撥翻激情浪花急急前去。

大約五十公尺相距，一輪輪純黑、龐大的背脊浮露水面。我們心裡篤定，從這些特徵已經能夠辨別是「Black fish」——小虎鯨、領航鯨，或是僞虎鯨之類的「黑魚」。

船隻靠得更近，背脊、背鰭再次露出。這距離已經看得相當分明，細鐮刀狀背鰭、鰭尖後勾稍圓、身材頎長……毫無猶豫，身後傳來一聲眞確呼喊：「False killer」僞虎鯨。

這種鯨類近海並不常見，尤其體型龐大，我們有著拾獲寶物的喜悅。牠們平均身長四到六公尺，重量約一千到兩千公斤，是種狹頭小尾體型修長的中型鯨。牠們並不懼怕船隻靠近，或者說並不在意船隻的侵擾，

我感覺到牠們是欣然默許。資料上說，牠們對待船隻的態度是好奇的、爽朗的。

優雅、修長、沉穩及無法挑剔的純黑，是我對僞虎鯨的第一個印象。

俗名「殺人鯨」的虎鯨，已經夠冤枉地背負了「殺人者」的惡名。僞虎鯨，更深一層，牠的俗名False killer包含「虛僞的」及「殺手」雙重惡名。可能所有的鯨類俗名中，僞虎鯨這個名字最爲醜惡。

外形上，僞虎鯨一點也不醜，牠沒有一般大型鬚鯨所呈現的痴肥臃腫體態，也不像小海豚般輕躍急躁，牠擁有像是經常運動健身、筋肌結實勻稱的好身材，牠游水姿態不疾不徐，一副穩重、內斂的神態，尤其淋著水光黑絲絨樣的軀體，讓人覺得神祕、典雅和高貴。

牠的惡名可能來自於牠一嘴尖銳的利

牙，以及牠和漁民間嚴重的漁獲衝突。

牠們是延繩釣作業漁民的最恨。

我曾經和一位老討海人聊天，他看到圖鑑上的僞虎鯨後，伸出指頭使力點在書頁上。「對，對！就是這種，全身軀黑壓壓、頭圓圓，牠吃掉我十三條串仔（鮪魚），」他眼裡漸漸燒起了火光繼續說：「棍索（延繩釣漁繩）拉上來，串仔就剩下一粒粒頭殼，十三粒頭殼！」他指尖像匕首一樣一下下刺在僞虎鯨圖上。

「幹——一尾串仔兩、三萬元，十三粒咧，你講氣死人否——」

「有時陣餌鉤放下去，眼睛大大朵看著牠們整群游過來，啊——去了了啊！牠們會巡棍（緣著漁繩搜索漁獲），無湯留一尾給咱。」

「看到否，看到否？」他指出豎立在他船邊的一根尖刺長矛說：「只要一有機會，就用這一根刺牠。」

「不抓牠啦，抓牠要死，刺來洩恨的，不刺牠不消恨吶。」

「膾死啦！血一路流啊，向外游去，一大群就會跟著游開。」

資料上說：「……贏得惡名，因爲牠們從漁線上偷魚……」

牠們曾經被看到攻擊大翅鯨，也曾經被看到掠食小海豚，但是，牠們更常被看到和瓶鼻海豚及其他小海豚和善地游在一起。

船隻跟住一對母子僞虎鯨，牠們穩穩游在船前，不閃、不躲、不迴擺，筆直穩定的領船前行。船邊四周，鬆散的範圍裡至少有四、五十支背鰭湧動。船隻像是融入牠們，也成爲牠們家族的一員。

牠們以穩健的速度整群往北游進。

「噗刺——」常常一聲巨大的喘氣煙霧噴在舷邊，就在舷牆下，一隻幾近船身長度的鯨體浮出在船邊換氣，好奇的和船隻旁行一陣後，滑過船尖離去。我們也都深重地喘了一口氣。

牠們的體色在水面下呈現褐紅色光澤，並且閃爍出青藍色亮點，浮上水面後，又恢復純黑顏色，無論水上、水下，那體色都美極了。何況，是如此近切、龐大。當牠們擦觸游過船邊，我可以感覺到牠們絲絨樣的光滑摩擦過我的皮膚，我可以感覺到海水的清涼和牠擾動的水流。

我感到歡喜，像是擁抱著牠游在水裡。那是內裡溫暖、外表清冷的一場接觸。

我站在船尖鏢台上，背後肅穆靜默，全是一陣陣嚓嚓快門聲，大家似乎都陶醉在這場無間距的接觸裡，貪婪的用快門捕抓感

覺。偶爾，響起一聲驚呼：「啊娘喂——」那是換裝底片的空檔才得將滿漲心情宣洩的呼喊。

幾隻身體上有著像是傷口樣的紅色圓斑，紅黑對比是如此鮮明觸目，不曉得是附生物造成的傷口，還是牠們彼此互鬥玩耍時受的傷。我想起那位漁民指住的那根尖刺長矛，心頭有了疼痛的知覺。

船隻被帶領著繼續往北。

過去討海生涯裡，曾經在七星潭海灣裡見到過牠們一次。只有兩隻，浮停在水面上像是在睡覺休息，牠們頭尖埋在水下，背脊從頭頂噴氣孔浮露到背鰭位置，像兩根一長一短的黑色浮木。一大一小，應該是媽媽帶小孩，小朋友的身長不及媽媽的三分之一，是隻出生不久的小小朋友。

船速減到最慢，從牠們左後方悄悄靠

近。二十公尺左右，我把離合器退掉，讓船隻慣性滑行接近。

那天風平浪靜，水面光滑如一盆大鍋水。媽媽輕輕顫了一下，水面上一圈細紋漣漪漾開，媽媽已經警覺到船隻靠近。原來依偎貼緊在媽媽右側身邊的小朋友，顯得有點不安或是好奇。牠轉過身來，面對船隻好奇，又不安地快快轉身回去。

船隻緩慢接近。媽媽仍然沉著不動；小朋友反覆著迴轉動作，激起一圈圈浪痕。

水面反光閃熾，我看不到水面下小朋友的動作，但是，是那樣清晰的影像在我心裡，我能精準地描繪出小朋友水面下的躁急表情，描繪出媽媽嘴角沉穩的笑容，我彷彿也能聽到水面下牠們頻頻催促及沉沉安撫的對話。

三公尺距離，牠們就在船尖下。媽媽依舊沉著不動，似在觀察船隻上的動靜；小朋友終於停止迴轉動作，和媽媽並排頭顱靠著頭顱。

牠們生命相依的影像，在我腦子裡甜蜜、溫暖，而且完整無瑕地結構出來。海水裡的親情繾綣總是特別動人。

船尖將要壓上牠們，牠們才並肩依偎著緩緩下潛，那是重量相擁的下沉，沒有舉尾，沒有漣漪水花，那是安靜從容地從我激動的心頭離開。

野柳海洋世界的表演明星中有一隻小偽虎鯨，比較起來，牠不像其他明星瓶鼻海豚般老練、靈活，牠常常不聽話，表演錯誤，而被訓練員指責。由於牠身材碩大，感覺上，牠像大孩子樣的憨傻和純真。

據說牠還是小小朋友時就住進這個池子裡，並且常常被瓶鼻海豚們欺侮。現在，牠

已經長得比瓶鼻海豚大，不再受欺侮。當表演結束後，牠回到舞台後的小池子裡，我看到牠常常浮在水面不動。我想起那一對浮在七星潭海面的母子。不曉得牠會不會想念牠的媽媽？

船隻往北。

船隻跟上的那對母子，不慌不忙，穩穩游在船前。有時另幾隻游攏過去，形成三隻一組、四隻一組的隊伍……有時，又恢復兩隻一組，媽媽和孩子是永遠不會拆散的一組。

船前大約二十公尺，一隻僞虎鯨破水跳躍，那不是一般海豚的前進式跳躍，那是直挺挺像一根黑木電桿衝出水面。

全身幾乎都衝離了水面，那是多大的勁道啊！爲了成就這優雅的一舉。

兩根微向後彎的狹窄胸鰭，像極了小朋友縮在胸前的兩片小手掌；修長的身體挺挺垂立彷彿僵凝在空氣中。彎頭，像分解動作似的，迴腰……牠在表演高難度的躍水特技……

一弧黑虹落下水面，喚出大片白花水漾。

這場接觸已經持續了兩個多小時，牠們沒有離去的意思，我們也捨不得離開。

不知不覺中，花蓮港港嘴已經浮現在眼前，像在微笑著招攬我們回去。海上不見船隻，只有微涼的海風和岸邊滾繡出的白線浪花。僞虎鯨黑色的背脊照樣湧動前行，彷彿要帶領我們回去花蓮港。

想起楊牧先生的那首詩——〈帶你回花蓮〉。

喜愛鯨豚的人，
都會夢想有一天下水和牠們同游。

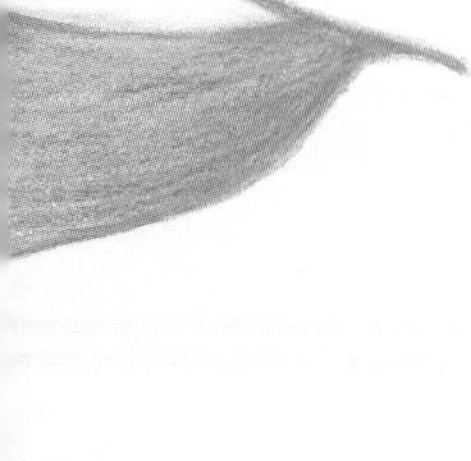

下水

實在是太熱了，船板常常曬得燙腳，儘管全身上下都密實的包紮了，仍然擋不住陽光酷熱的刺穿能力。通常中午過後，臉頰就會感覺熱烘烘的，像是偎著一盆旺盛燃燒的火爐。

吃過中餐，在舷欄邊休息，看著清藍海水泛漾在船邊，心裡忽然興起一股下水的念頭。

當眞脫掉了衣服，三兩下解脫掉全身上上下下防曬的束縛，翻過船舷，一躍浸入水裡。

「海水裡是多麼的澄淨清涼……」往後的許多個航次，只要一覺得燥熱，耳邊就會響起海水的召喚。

喜愛鯨豚的人，都會把下水和鯨豚同游當做是最大的夢想。

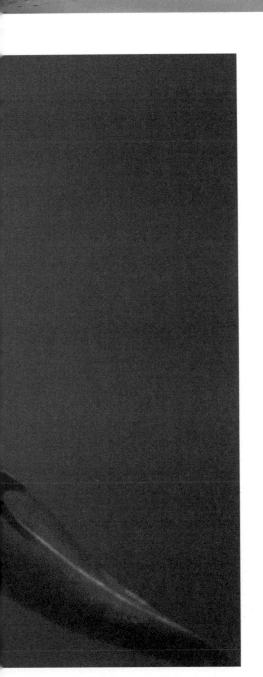

機會終於來了！

八月底，計畫結束前夕，船隻在石梯港附近遇見八隻花紋海豚。這些隻花紋海豚體型碩大，判斷應該在三百公斤上下，體長超過三百公尺，身上刮痕斑斑蒼蒼，像是穿著白花衣裳，動作姍姍緩緩，可能年歲都很大吧。

船隻接近後，牠們並不驚惶潛伏，只緩緩帶著船隻兜圈子。

機會來了！下水與牠們同游的機會終於來了！「海水裡是多麼的澄淨清涼！」耳邊響起的不只是海水的召喚，我彷彿也聽見了花紋海豚的呼喚。

花紋海豚的研究資料很少，至今仍不確知牠們的習性。只曉得牠們下頜兩側各有二至七枚釘狀牙齒，主食烏賊、甲殼類，偶爾也吃魚類，到底牠們對人體的侵擾會有什麼反應？或者說牠們對人體有多少興趣？沒有人知道。

兩個月計畫中，曾經和花紋海豚有過相當和善的接觸經驗。據我們觀察，一般情況下牠們總是溫吞緩慢；牠們在經過了一段時間的觀察、試探、確認船隻並無惡意後，通常就會和善地靠近船邊。

但是，我們也見過牠高速狂飆，見過牠們許多奇奇怪怪不能理解的行爲。總之，牠們是一種很難揣測捉摸，如海洋一樣變化多端的海洋動物。

我攀出船舷外，一手拿住蛙鏡，一手扶住船欄。船長在高高塔台上駕駛；我等著他給我下水的訊號；船長想讓船隻更靠近牠們一些。

我不願意多想什麼，只一心一意想下水和牠們同游。我曉得這樣冒然下水存在著未

知的危險，但是我也曉得生命的任何探觸都必須多少承擔風險，尤其對這生活在兩個世界的兩種不同動物。我明白，過多的顧慮往往會猶豫、退縮而毀掉嘗試的勇氣，所以我腦子裡只想著和牠們同游的美好影像。

跳入水裡，套上蛙鏡，蹬開一段距離後，我回頭看向船隻，想問船長花紋海豚的位置。從水面看向船隻，陽光淋著船身發出熾閃的邊影，這兩個月載著我們航行海上的工作船竟然如此生疏、遙遠。

高聳的舷牆、擎天突露的鏢台、隆隆的引擎聲，以及船尖犁翻海面湧推的汩汩白沫……啊！我驚覺到自己不再是船上的一個人，而是海洋裡的一隻動物；我想像這兩個月我們碰觸過的多少鯨豚，現在，我試著用牠們的眼光和角度觀察船隻。

船長指出花紋海豚的方位。我埋入水裡，迴身朝前賣力游去。

水裡有些浮屑從眼前漂過；陽光被海水篩濾，刺進水裡的只剩飄搖光絲；光絲晃擺著在深深腹下收縮成束，像一只大漏斗將所有光線縮緊在深不見底的幽暗裡。我視線所及的範圍只有大約五公尺距離，這範圍外，海水像是遍撒了藍色粉塵、煙靄，相距越遠藍色越沉，而終於墜入無止盡的陰暗與清冷裡。

對於一雙已經習慣於陸地上的眼睛而言，海洋只允許這狹窄範圍的光明，除此之外，全是不能透視的神祕與恐懼。

沒看到花紋海豚，連個影子也沒看到，儘管我已經使出所有的力氣划水蹬腿，我想，不只眼睛不中用，我的手和腳在水裡可能連一隻小魚也比不上。

「回來喔，回來喔……」是船長喚我回

船。

因為潮流強勁，我不可能逆流追趕上花紋海豚。

船長說，我越游越往後退。

第二次接近牠們。我攀在船舷外，可以看到水面上牠們湧動的背鰭僅僅離船五公尺。

船長比出下水手勢。

潛下去，潛下去！這一次一定要追上牠們。

跳入水裡的水波泡沫漸漸浮漂散去，看到了！終於看到了！牠們就在我視線可及的朦朧邊緣，我看到三隻，牠們伏潛在水面下，三隻深度不一高高低低距離水面大約三、四公尺。

牠們的尾鰭朝向我，緩款優雅的上下擺動。牠們的擺尾弧度很大，遠超過我所認為的。飄搖光絲落在牠們身上，搬弄出顫舞的光網。很安靜，藍色煙靄瀰漫著沉靜，只有牠們那尾柄悠游自在地緩緩撥水，像是在指揮著一首柔滑的小夜曲。

那絕對不同於在船上觀看牠們，船上是居高臨下用平面視野在觀看牠，在船上，絕對感受不到牠擺尾的優雅，感受不到牠們所沉浸的藍色神祕世界……

那是大幅的、立體的、美麗的，我是溶在牠的世界裡看牠。

牠緩緩一次擺尾，我至少得撥水蹬腿十幾下，我是跟不上牠們。牠們不曾回頭，不曾稍稍停留等候，也不曾加速離去，牠們根本不理會我的奮力追趕。

就這樣溫文緩緩，牠們就足以從容擺脫掉我的糾纏、我的美麗夢想。海水世界畢竟是牠們的俯仰空間。

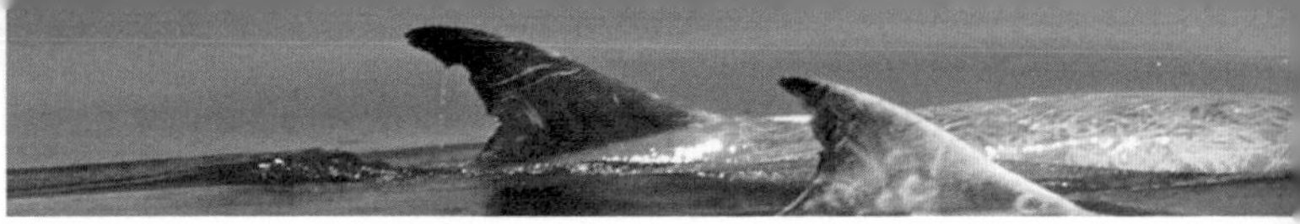

我必須加速趕上，牠們的身影已越來越朦朧，像一朵顫搖的泡沫隨時就要幻滅。雖然我明白不可能趕上牠們伴在牠們身旁同游，我仍然用了最大的努力，我想拖延這難得同在海水裡的接觸機會，想拖延那沉靜、優雅、神祕、美麗的觀感，我盡力衝刺。

我可能忘了呼吸，忘了自己是陸地上的人，我兩腳併攏上下深擺打水，不知覺中我學著牠們的擺尾姿態，我可能眞的想當一隻花紋海豚。

只短短時間而已，牠們用最慣常的舒緩擺尾動作就將我輕易地拋離。

對牠們的不理不睬當然有點遺憾，但至少我看到牠們了，在牠們的世界裡，用牠們的眼光、角度看到牠們了。

兩個月計畫只是初探而已，我知道還有機會，只要調查計畫繼續，只要我繼續抱持終有一天要和牠們同游的美麗想望。

回到船邊，我試著學牠們的吐氣聲，試著學牠們憨重的跳水姿態……試著當一隻花紋海豚。

與牠們同游的夢想雖然還沒有實現，我仍想記下來這一段下水經驗。

尋鯨札記

石梯港位於花蓮市南方約七十公里，是個僅有十數艘漁船停泊的小漁港。「尋鯨小組」兩個月海上調查計畫，幾乎有一半時間在這個小漁港進出。

八月初，工作船——漁津六號自花蓮港航抵石梯港。大約下午四點左右，我們航行到石梯外海，夕陽半沉，晚霞切擦海岸山脈稜頂從山頭灑下千百束暉光，普照海面。光束像一疋幕簾子撐起岸緣，陡峭山脈隱在日

出航前的港邊早餐。

影裡似蒙面透露著神祕，遠遠看去，崇山無瑕地連接大海，我們得凝眼細看，才發現山底海緣間疏疏落落幾幢房舍。船隻偏向落日餘暉。輕快駛了一陣，才又看到港堤及燈塔。海面空曠，穩定的引擎節奏疏離遠去，晚風靜謐地拂颳船緣，那山海天地感覺是原始未動的，彷彿自三百萬年前蓬萊造山運動海岸山脈壓擠靠岸後，石梯就以它恆久的姿態橫亙至今。

船隻入港，定居在石梯港十餘年的討海老友林國正夫婦已經等在港邊。十數個小朋友游在港裡，似在迎接我們入港，他們攀上船舷，再踏著船欄跳入水裡，像一群噗通跳水的小青蛙，也像游在船邊頑皮的一群小海豚。林國正的兒子、女兒也在水裡，他說：「不曾教他們游泳，忽然有一天，他們就自然游在水裡了。」略帶無奈的口吻林國正接著說：「鄉下地方，讀冊無啦，游泳、釣魚是專科。」

他們家面對漁港，坐在屋裡便能看顧門口停泊的漁船，像城市中關照我們停在家門邊的車輛。出了家門，兩步路便能上船出航。

當船隻靠港，一般習慣，我們得收拾船上儀器裝備鎖入船艙裡。林國正在港堤上幫忙工作船繫纜，一邊揮手說：「免啦，免啦！」阻止我們收拾裝備。他的意思是，石梯港是個不用關門閂戶的地方。

港水乾淨，每天傍晚都有成群小朋友在港裡戲水。下海和他們一起游泳，成為我們每天工作結束返港後的例行娛樂。在海上看了整天海豚，大家也想學海豚在船邊嬉水吧。

每天清晨，晨曦斜進簷下，我們在晨光

中用過林太太為我們準備的早餐，工作船即將解纜出航。我們穿拖鞋、穿短褲汗衫上船，像是穿著家居便服一腳就踏入工作場所，那是很隨興自在的知覺，船隻一邊航向外海，我們才從船艙裡掏出長褲長衫換穿工作服，感覺上岸是家，港口是家，船上也是家。

漁津六號是木殼鏢魚船，船尖有一具突出船外約十六尺長的鏢台；另外在船隻中段機艙上架有一座看魚塔台，船上這兩項設備相當符合尋鯨工作需要。船隻一出港，我們便分別站上這兩處據高點，若海況良好，鯨豚跳躍的水花往往一公里外就被我們發現。當船隻靠近鯨豚群時，塔台居高臨下而且最安穩，是理想的攝影位置；若鯨豚群靠在船前作飆船衝浪（Bow-Riding）時，站在鏢

拉上一條雨傘旗魚，中餐將有鮮魚加菜。

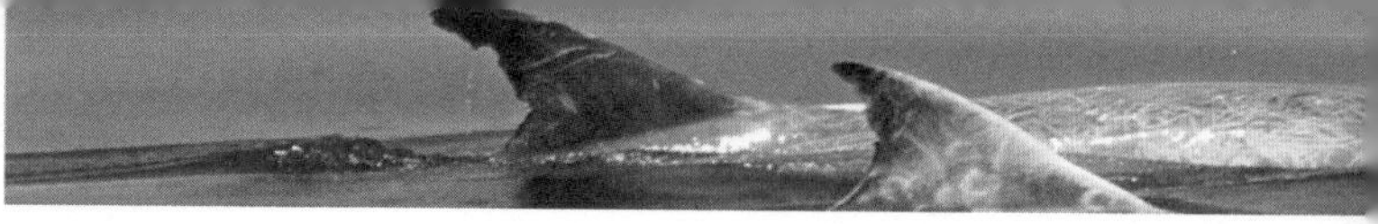

台上便能感受與牠們比翼同游。

大群體的飛旋海豚或是熱帶斑海豚最喜歡在鏢台下悠游騰躍，鏢台下，牠們經常側翻身子，用好奇的眼神打量站在鏢台上的我們。當彼此眼神相觸的剎那，常讓我們感覺到整顆心都在溫暖融化。這個位置也偶爾聽得見牠們的鳴叫聲，有一次還被牠們的噴氣水花沾濕了褲腳，這裡是和牠們近身接觸最好的位置。所以，每當海豚飆船時，鏢台上往往擁擠，大家都想嘗試那蝕心的片刻。

鏢台是全船晃擺最劇烈的位置，心情也是如此。

海上陽光劇烈，每道碎波都化作千千萬萬面反射鏡，儘管我們細心地包紮防曬，陽光總能找出縫隙在我們身上留下曬痕。臉龐和腳背最難設防，稍不

在塔台上拍攝虎鯨。

船隻漂流休息，大家聚在甲板上享用海鮮中餐。

留意，就像白紙靠近燭心，焦褐顏色隨即潑墨暈染。

海上工作時間每日大約六至八小時，中餐得在船上炊爨。船尾，我們通常放一條擬餌拖釣，經常會有鰹魚或鬼頭刀上鉤。這魚便成為我們中餐的主菜。沒有比船上更新鮮的魚了，一般我們煮大鍋麵加上一條鮮魚，菜色儘管如此簡單，大家一致認為這中餐是百吃不厭，而且是岸上難得一見的美食。

用餐時，船長通常將船隻停泊漂流。若是風浪不好，船隻搖搖晃晃，用餐則需要一點體力和技巧。有時中餐時間碰上一群鯨豚，我們一路尾隨、拍照、作記錄，經常當我們和鯨豚說bye-bye時，已是下午兩、三點，再動手煮中餐時，船隻已在返航途中。

在搖搖晃晃的甲板上煮食中餐。

有一次機械故障，日正當中，我和船長下去機艙裡察看。引擎輻射高溫，機艙裡燠熱窒悶，一下子工夫汗出如水淋，感覺身體都在燃燒融化。故障排除後，躺在甲板上喘氣不止，我們急需冷卻。這時，如藍寶石顏色的海水以她的清冷誘惑我們。茫茫大海，數千尺深，下海需要些勇氣。

有過下海經驗後，我們開始經常在吃過中餐後的休息片刻，在世界最大的游泳池裡，泡泡海水冷卻。

除了鯨豚，海上意外遇見的生態景觀相當豐富——飛魚散花飛起，鰹魚群挑撥水花，鮪魚追食躍出，雨傘旗魚海面撐傘（背鰭聳起如一把傘），鰆魚劃水遛達，蝠魟展翅滑翔，鬼頭刀輪動跳水……白腹鰹鳥匆匆遠去，水薙鳥停駐

靠港後，工作人員留影。

海面吃食一尾魷魚，燕鷗蝶蝶隨船舞翼……也曾經飛來一隻鴿子，我們請牠喝水、吃米，牠整日伴隨我們尋鯨。

當山頭夕陽斜成光束，便是返航時刻。我們聚在鏢頭、塔台，談起這一天和鯨豚遭遇的感觸，交換心得。夕陽在海面抹上層層亮點，晚風漸起，經過了陽光、汗水和海水的洗禮，經過了鯨豚朋友的穿針引線，我不覺想起「百年修得同舟渡」這句話。

我們解開頭巾，摘掉帽子、敞開衣襟，頭髮和著汗水緊貼額頭，這一刻，最能感受生命的多采與富足。遠山漸近，斑塊狀黑色火山岩峭壁裸露在大片墨綠林子裡，山海以其最原始的面貌回看我們，見證這一船尋鯨小組航出的情誼。

晚餐，我們把小茶桌擺在船邊碼頭。就一盞水銀燈下，路過的石梯港漁民、派出所員警……有興趣的停步喝幾杯閒聊。有閒情的可以划小舟在港裡撒網捕魚、要不然，也可以躺在船隻鏢台上，仰看星辰繁爍的石梯夜空。

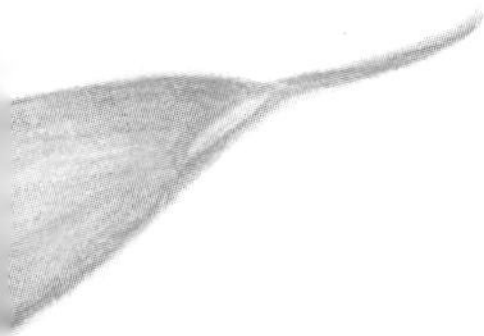

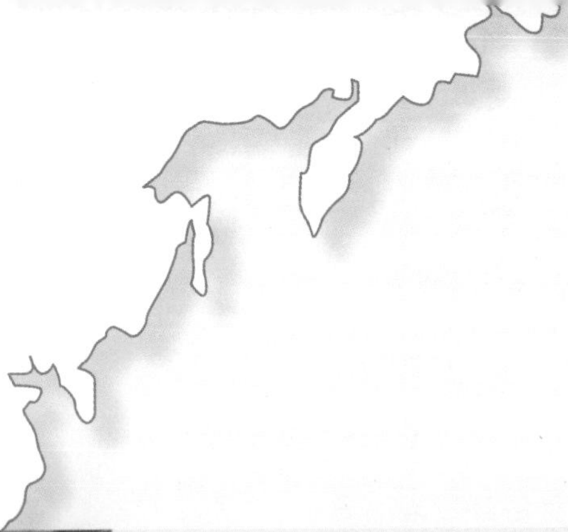

鯨豚圖鑑

鯨類分類簡表

界	動物界 Kingdom Animalia			
門	脊索動物門 Phylum Chordata			
綱	哺乳綱 Class Mammalia			
目	鯨目 Order Cetacea		海牛目	食肉目
亞目	鬚鯨亞目	齒鯨亞目 Suborder Odontoceti		
科	露脊鯨科	小抹香鯨科 Kogiidae	儒艮科	海獅科
	鬚鯨科	白鱀豚科 Lipotidae	海牛科	海豹科
	灰鯨科	一角鯨科 Monodontidae		海象科
	小露脊鯨科	鼠海豚科 Phocoenidae		
	新鬚鯨科	抹香鯨科 Physeteridae		
		海豚科 Delphinidae		
		喙鯨科 Ziphiidae		
屬	分屬不同五個屬，於圖鑑中一一說明	喙鯨屬		
種	花紋海豚 *Grampus griseus*	柯氏喙鯨 *Ziphius cavirostris*		
	虎鯨 *Orcinus orca*			
	瓶鼻海豚 *Tursiops truncutus*			
	弗氏海豚 *Lagenodelphis hosei*			
	飛旋海豚 *Stenella longirostris*			
	熱帶斑海豚 *Stenella attenuata*			
	偽虎鯨 *Pseudorca crassidens*			

註：「科」以下之分類法爭議頗大，尚無定論，本分類表僅供參考。

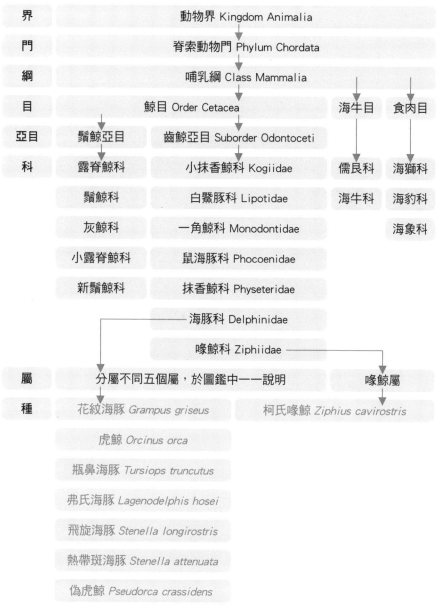

花紋海豚 *Grampus griseus*

科　名	海豚科 Delphinidae	屬　名	灰海豚屬 Grampus
俗　名	和尚頭 Risso's Dolphin	最大身長．體重	3.8公尺．500公斤

形態特徵

成體身上會出現許多不規則白色刮痕，外觀並不賞心悅目，年輕者體色灰黑，刮痕不多，類似「黑魚」膚色，年齡越大，刮痕越多，體色越蒼白，年老者幾近白鯨體色，但胸、背鰭維持深色；圓頭、嘴喙不明顯，背鰭高大。

行為特徵

行為複雜多樣，泳速、動作一般老沉、穩重，偶爾會高速狂飆；對船隻反應若即若離，時而害羞時而大方；會將頭部露出海面偵察；呈45度斜角跳出海面；常見側翻、仰翻舉出胸鰭拍打水面；潛游時間可長達30分鐘以上。

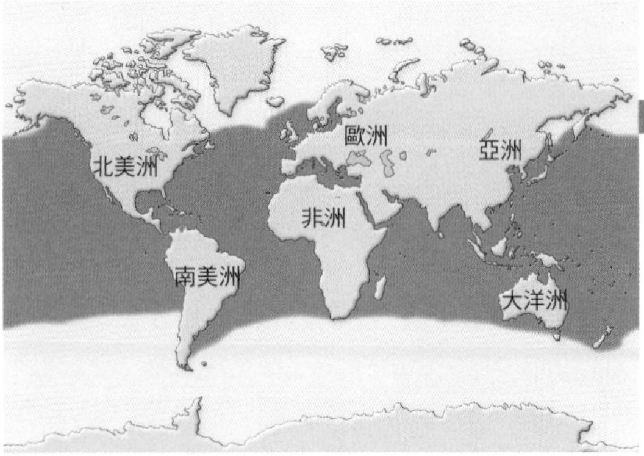

分布

數量多，分布亦廣。喜好深水海域。常出現在島嶼周邊海岸附近，有狹長大陸層的地方。在幾個水域裡會依季節於沿岸和大海間移動，但多半整年於同海域活動。

虎鯨 *Orcinus orca*

科　名	海豚科 Delphinidae	屬　名	虎鯨屬 Orcinus
俗　名	黑白郎君 Killer Whale	最大身長·體重	9.8公尺·9000公斤

形態特徵

黑白分明，背部體色黑如墨，腹部白如雪，眼睛後上方有一塊白色圓斑，中腹稍後白斑突露腹側，背鰭後有一閃電形灰斑；背鰭高大、尖突、柔軟。

行為特徵

群體社會很強，家族一起旅行、獵食，終生不渝；對船隻反應好奇、主動、大方；水面動作很多，露頭偵察、全身拔跳水面、側翻、仰泳、舉尾拍水；活潑、好動、敏捷快速。

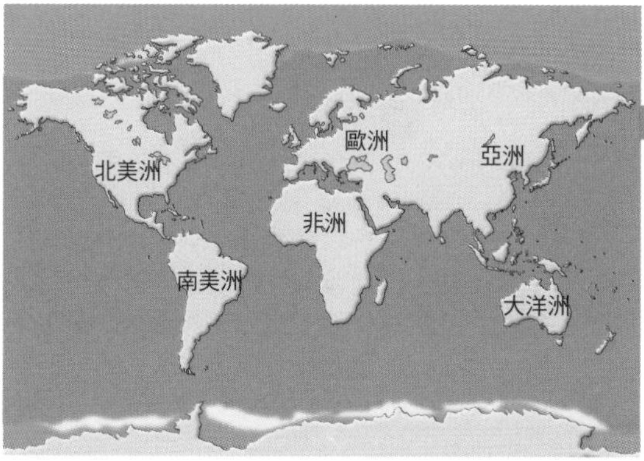

分布

為地球上分布廣泛的哺乳類之一，常出現在比熱帶、亞熱帶海域冷的海域（尤其是北極附近），多半是離岸邊800公里以內的地方。一般喜歡深海域，多於冷淺灣、內海、河口等處出沒。

瓶鼻海豚 *Tursiops truncatus*

科　名	海豚科 Delphinidae	屬　名	寬吻海豚屬 Tursiops
俗　名	大白肚仔 Bottlenose Dolphin	最大身長・體重	3.9公尺・650公斤

形態特徵
短嘴，體型碩壯，體色灰黑；腹部顏色灰白額隆圓弧；背鰭高大後彎呈深色鐮刀狀。

行為特徵
好動、粗野、衝勁十足；通常1～25隻小群體出現；時常被看到與他種海豚混群；警覺、敏感，泳速快捷。

分布
分布廣，曾在黑海、紅海、地中海等環繞的內海出沒。許多沿岸系統群一年中都留在同一海域。除了熱帶海域，主要出現在寬大的入海口、河川下流區域、海灣等廣大範圍的沿岸。

弗氏海豚 *Lagenodelphis hosei*

科　　名	海豚科 Delphinidae	屬　　名	沙磱越海豚屬 Lagenodelphis
俗　　名	大肥仔 Fraser's Dolphin	最大身長・體重	2.6公尺・210公斤

形態特徵

短嘴，體型健壯結實，小三角背鰭，胸鰭窄細，小尾鰭；大多數從嘴端到肛門有一黑色條斑，背部銅褐色，腹部粉紅色。

行為特徵

大群體（100～500隻）出現，時常集體跳出水面，集體潛伏；對船隻敏感、害羞，形態倉皇，海面動作少。常見與花紋海豚混群。

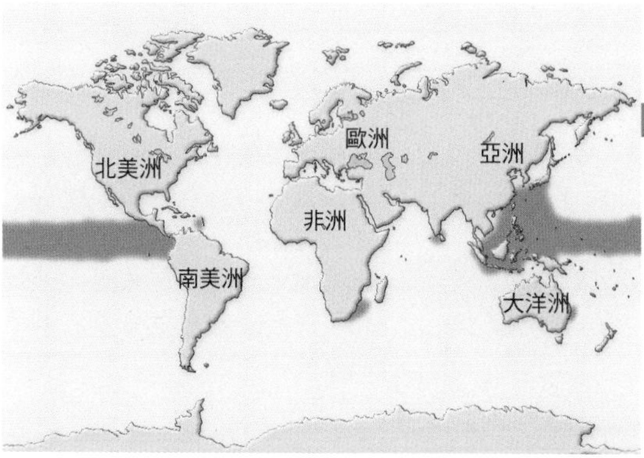

分布

分布狀況不詳。一般認為在太平洋東部熱帶海域的赤道附近與菲律賓的汳荷爾海峽的南端最為普遍。大西洋方面數量較少。

飛旋海豚 *Stenella longirostris*

科　名	海豚科 Delphinidae	屬　名	原海豚屬 Stenella
俗　名	白肚仔 Spinner Dolphin	最大身長・體重	2.1公尺・75公斤

形態特徵
修長嘴喙；胸鰭尖長，高而直立的背鰭；三層體色，背深色，肚淺白；額隆傾斜，體型苗條。

行為特徵
經常高跳以身長為軸旋轉；游進時嘴尖常探出海面；喜愛跳躍，且跳躍姿態方式豐富。

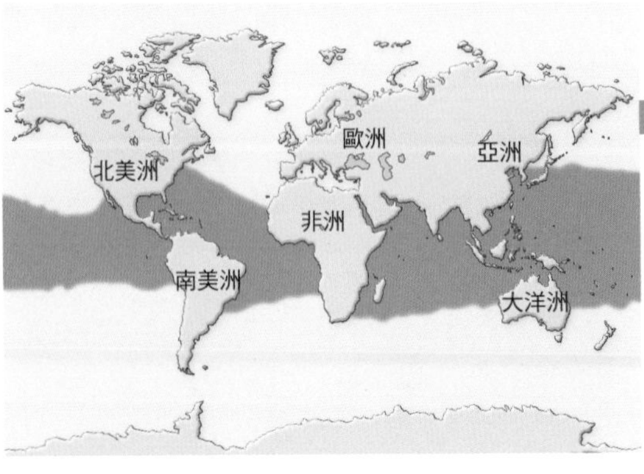

分布
有時會出現在溫帶海域，但主要以熱帶海域為主，各型有一定的分布海域。但是有時會在同一海域出現。在大西洋的分布不詳，通常可在太平洋東部熱帶海域看到。

熱帶斑海豚 *Stenrlla attenuata*

科　　名	海豚科 Delphinidae	屬　　名	原海豚屬 Stenella
俗　　名	花鹿仔 Spotted Dolphin	最大身長・體重	2.4公尺・125公斤

形態特徵

嘴喙暗黑，嘴尖白點，嘴喙到胸鰭有暗帶；體型流線修長，背、胸鰭後彎呈鐮刀狀；剛出生個體身上沒有斑點，年紀越長，身上斑點越多。

行為特徵

活躍、好奇，常正面游向船尖；跳躍時在空中停留時間較長，亦會直立式跳離水面。

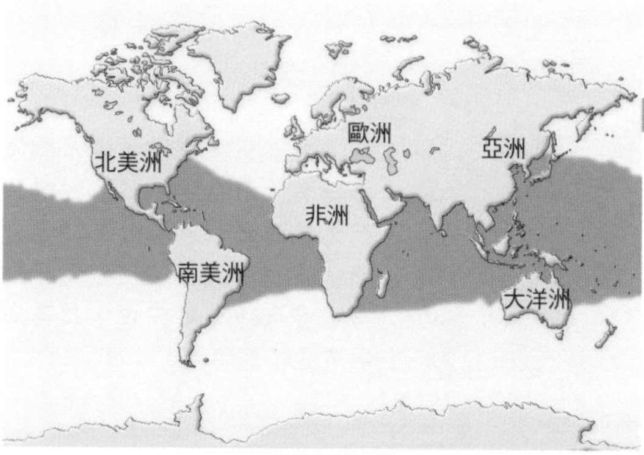

分布

分布廣泛，不只是熱帶海域，在亞熱帶、溫帶海域也有出沒。主要生存於表面水溫25度以上的海域。通常是在群島周邊出現。有季節性的移動。

柯氏喙鯨 *Ziphius cavirostris*

科　名	喙鯨科 Ziphiidae	屬　名	喙鯨屬 Ziphius
俗　名	油鰃 Goose-beaked Whale	**最大身長・體重**	7公尺・3400公斤

形態特徵

體型圓胖，有嘴喙，背鰭位於體長後1/3處有V形喉腹褶，小胸鰭，小背鰭，尾鰭無凹刻，下頷見一對牙齒。

行為特徵

深潛型鯨類，長時間在水下，水面不易見到，害羞，通常單隻或小群體出現。

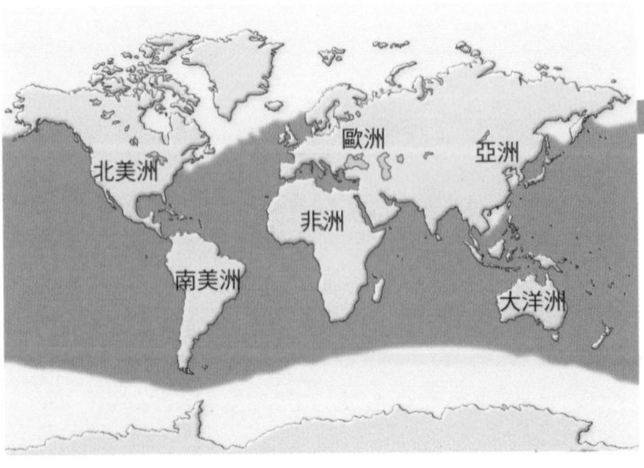

分布

在大西洋、太平洋，以及印度洋都有人瞧見牠的蹤影，是分布最廣、出現頻率高的鯨種之一。只有南北極的極地海域沒有被發現。在地中海、日本海等內海較常出現。

偽虎鯨 *Pseudorca crassidens*

科　　名	海豚科 Delphinidae	屬　　名	偽虎鯨屬 Pseudorca
俗　　名	黑鯃 False Killer Whale	最大身長．體重	6公尺．2200公斤

形態特徵

體型修長，體色墨黑，腹部有灰斑，頭型瘦長圓鈍，背鰭呈鐮刀狀頂端稍圓，胸鰭窄細呈S型彎弧。

行為特徵

泳技快速敏捷，能作小弧度急轉彎；常好奇靠近船隻；會側翻、仰泳；常直立跳出海面，再彎腰摔落；下潛時尾鰭未出露海面。

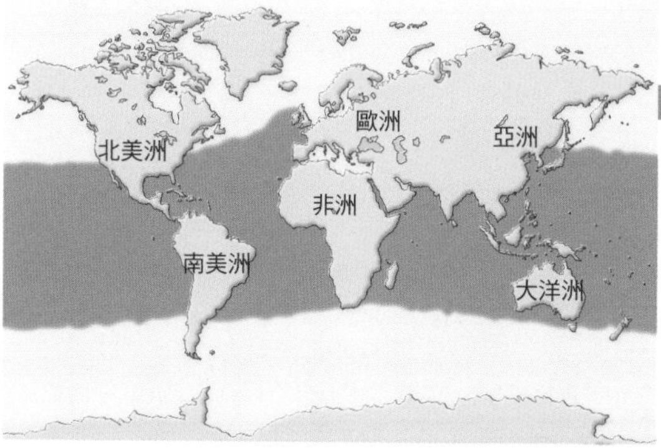

分布

分布很廣泛，主要出現在深海域，但紅海、地中海等內海也有牠的蹤影，似乎喜好溫暖的海域，會隨著季節，依海洋溫度的升降而往南北方向移動。

謹以此書紀念

一九九六

花蓮沿岸海域鯨類生態研究計畫

並感謝

晨星出版社

自由時報

洄瀾傳播公司

及許多朋友的

贊助與支持

照片索引

楊世主

P1、3、11、12、16、17、19、20、23、26、27、30、34、40、41、42、44、45、48、68、69、71、74、76、77、80、81、82、84、86、89、92、95、96、100、102、104、106、107、108

潘進龍

P60、61、64

吳麗玫

124、126、127、128、129、130、（尋鯨札記）

廖鴻基

P4、10、36、52、54、55、56、57、59、78、79、90、91、110、111、113、115、116、118、119

國家圖書館出版品預行編目資料

鯨生鯨世／廖鴻基著.——二版.——臺中市：
晨星，2012.11
面； 公分，——（自然公園；032）
ISBN 978-986-177-644-6（平裝）
1.鯨目 2.通俗作品

389.7 101018583

自然公園 32

鯨生鯨世〔新版〕

作者 廖 鴻 基
主編 徐 惠 雅
校對 廖 鴻 基 、 胡 文 青 、 徐 惠 雅
美術編輯 林 姿 秀

創辦人 陳銘民
發行所 晨星出版有限公司
台中市407工業區30路1號
TEL：04-23595820 FAX：04-23550581
E-mail：service@morningstar.com.tw
http：//www.morningstar.com.tw
行政院新聞局局版台業字第2500號
法律顧問 陳思成律師
初版 西元1997年6月30日
二版四刷 西元2016年8月20日

郵政劃撥 22326758（晨星出版有限公司）
讀者服務 （04）23595819＃230
印刷 上好印刷股份有限公司

定價250元
ISBN 978-986-177-644-6
Published by Morning Star Publishing Inc.
Printed in Taiwan
版權所有，翻印必究
（缺頁或破損的書，請寄回更換）

◆讀者回函卡◆

以下資料或許太過繁瑣，但卻是我們瞭解您的唯一途徑，

誠摯期待能與您在下一本書中相逢，讓我們一起從閱讀中尋找樂趣吧！

姓名：__________ 性別：□男 □女 生日：　/　/

教育程度：__________

職業：□學生 □教師 □內勤職員 □家庭主婦

□企業主管 □服務業 □製造業 □醫藥護理

□軍警 □資訊業 □銷售業務 □其他__________

E-mail：__________ 聯絡電話：__________

聯絡地址：□□□□□__________

購買書名：鯨生鯨世〔新版〕

・誘使您購買此書的原因？

□於 ______ 書店尋找新知時 □看 ______ 報時瞄到 □受海報或文案吸引

□翻閱 ______ 雜誌時 □親朋好友拍胸脯保證 □ ______ 電台DJ熱情推薦

□電子報的新書資訊看起來很有趣 □對晨星自然FB的分享有興趣 □瀏覽晨星網站時看到的

□其他編輯萬萬想不到的過程：__________

・本書中最吸引您的是哪一篇文章或哪一段話呢？__________

・請您為本書評分，若有其他建議，敬請盡量提出。

□封面設計______ □尺寸規格______ □版面編排______ □字體大小______

□內容______ □文／譯筆______ □其他建議__________

・下列出版品中，哪個題材最能引起您的興趣呢？

台灣自然圖鑑：□植物 □哺乳類 □魚類 □鳥類 □蝴蝶 □昆蟲 □爬蟲類 □其他______

飼養&觀察：□植物 □哺乳類 □魚類 □鳥類 □蝴蝶 □昆蟲 □爬蟲類 □其他______

台灣地圖：□自然 □昆蟲 □兩棲動物 □地形 □人文 □其他______

自然公園：□自然文學 □環境關懷 □環境議題 □自然觀點 □人物傳記 □其他______

生態館：□植物生態 □動物生態 □生態攝影 □地形景觀 □其他______

台灣原住民文學：□史地 □傳記 □宗教祭典 □文化 □傳說 □音樂 □其他______

自然生活家：□自然風DIY手作 □登山 □園藝 □觀星 □其他______

・除上述系列外，您還希望編輯們規畫哪些和自然人文題材有關的書籍呢？______

・您最常到哪個通路購買書籍呢？□博客來 □誠品書店 □金石堂 □其他

很高興您選擇了晨星出版社，陪伴您一同享受閱讀及學習的樂趣。只要您將此回函郵寄回本社，或傳眞至（04）2355-0581，我們將不定期提供最新的出版及優惠訊息給您，謝謝！

若行有餘力，也請不吝賜教，好讓我們可以出版更多更好的書！

・其他意見：__________

晨星出版有限公司　編輯群，感謝您！

請填妥對折裝訂，直接投郵即可，免貼郵票

廣告回函
台灣中區郵政管理局
登記證第267號
免貼郵票

407
台中市工業區30路1號

晨星出版有限公司

* 贈書洽詢專線 04-23595820#112

請沿虛線摺下裝訂，謝謝！

填問卷，送好書

只要詳填《鯨生鯨世》回函卡寄回晨星，並附寄50元回郵（工本費），自然公園得獎好書《窗口邊的生態樂園》馬上送。

※ 如缺書，則改送等值同類書籍，敬請見諒。

定價：180元

晨星自然

天文、動物、植物、登山、生態攝影、自然風DIY……各種最新最夯的自然大小事，盡在「晨星自然」臉書及晨星自然公園網站msnature.morningstar.com.tw，歡迎您加入！

晨星出版有限公司 編輯群，感謝您！

OCEAN

TAIWAN'S Ocean Literature

台灣海洋文學作家

廖鴻基

OCEAN

TAIWAN'S Ocean Literature

台灣海洋文學作家

廖鴻基

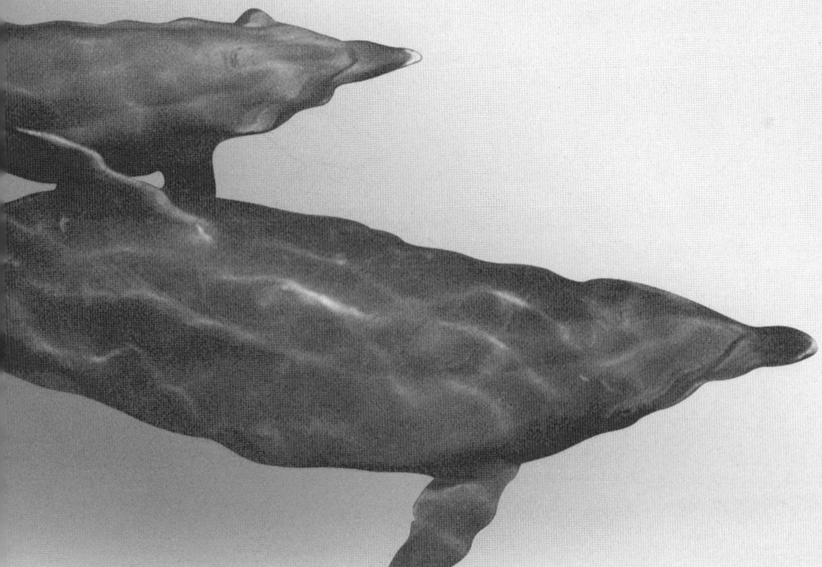